国家出版基金资助项目

中国文化遗产丛书

◎关晓武　张柏春　主编

新疆坎儿井

传统技艺研究与传承

◎翟源静　著

丛书编委会

主　编　关晓武　张柏春
编　委　（按姓氏音序排列）
　　　　冯立昇　关晓武　郭世荣
　　　　李劲松　吕厚均　任玉凤
　　　　容志毅　孙　烈　万辅彬
　　　　王丽华　韦丹芳　严俊华
　　　　俞文光　翟源静　张柏春
　　　　赵翰生　周文丽

ARTTIME
时代出版

时代出版传媒股份有限公司
安徽科学技术出版社

图书在版编目(CIP)数据

新疆坎儿井传统技艺研究与传承 / 翟源静著. --合肥:安徽科学技术出版社,2017.6
(中国文化遗产丛书)
ISBN 978-7-5337-7189-8

Ⅰ.①新… Ⅱ.①翟… Ⅲ.①坎儿井-研究-新疆
Ⅳ.①S279.245

中国版本图书馆 CIP 数据核字(2017)第 099431 号

XINJIANG KANRJING CHUANTONG JIYI YANJIU YU CHUANCHENG

新 疆 坎 儿 井 传 统 技 艺 研 究 与 传 承　　　　翟源静　著

出 版 人:丁凌云　　选题策划:方 菲　　责任编辑:王 宜　高清艳
责任校对:盛 东　　责任印制:梁东兵　　封面设计:冯 劲
出版发行:时代出版传媒股份有限公司　　http://www.press-mart.com
　　　　　安徽科学技术出版社　　　　　http://www.ahstp.net
(合肥市政务文化新区翡翠路 1118 号出版传媒广场,邮编:230071)
　　　　　电话:(0551)63533323
印　　制:合肥华云印务有限责任公司　　电话:(0551)63418899
(如发现印装质量问题,影响阅读,请与印刷厂商联系调换)

开本:787×1092　1/16　　　　印张:8.75　　　　字数:167 千
版次:2017 年 6 月第 1 版　　2017 年 6 月第 1 次印刷

ISBN 978-7-5337-7189-8　　　　　　　　　　定价:56.00 元

序

中国是手工艺大国,所有出土和传世的人工制作的文物和古代工程都是传统技艺的产物,昭示了手工艺在中华文明发展历程中的重要地位。在现代化水平日益提升的当代,许多传统手工艺产品仍在广泛使用,凸显出其现代价值和在承续国家文化命脉、维护文化多样性及保持民族精神特质方面的重大作用。

随着工业化的推进和经济的转型,众多珍贵技艺因人们缺乏保护意识而陷于濒危状态,有的甚至湮灭失传。保护传统工艺和探索其传承发展的机制已是当前迫切的社会需求。据此,中国科学院自然科学史研究所和中国传统工艺研究会组织学者和艺人编撰了"中国传统工艺全集"。这套书共20卷20册,涵盖传统工艺14大类,记载了近600种传统工艺,在某种程度上,可认作是《考工记》和《天工开物》在当代的补编和续编。

与"中国传统工艺全集"配套的书有"中国手工艺"丛书和《中国手工技艺》。其中,"中国手工艺"丛书共14册,按类别分述各项传统工艺,《中国手工技艺》一书则集中概述各类传统工艺。这三部书相互配合,大致反映了中国传统工艺的概况和当代学者对它的认知,为后续研究工作奠定了坚实的基础。

传统工艺具有鲜明的地方性和民族性特点,人文、材料、资源、习俗和技术传统的差异都极大地影响传统工艺的生态,传统工艺内容的丰富多样性超乎人们的想象。西藏、云南、广西、贵州、新疆、内蒙古、安徽、北京、浙江等地,现仍保存多种富有民族和地域特色的珍贵工艺。长期以来,学术界从学科、行业等角度出发,开展传统工艺研究工作,取得了丰硕的成果,但地方性和专题性的调查研究仍相对薄弱。

有鉴于此,中国科学院自然科学史研究所和安徽科学技术出版社共同组织编撰出版"中国文化遗产丛书",由关晓武和张柏春任主编,另有几十位专家学者参与编写。该丛书旨在促进地方性或专题性的传统工艺调查研究,并阐释其多元属性与价值内涵。该丛书包括6个分册，即《内蒙古传统技艺研究与传承》《云南大理白族传统技艺研究与传承》《广西传统技艺研究与传承》《黔桂衣食传统技艺研究与传承》《新疆坎儿井传统技艺研究与传承》和《中国四大回音古建筑声学技艺研究与传承》。

该丛书的作者大多兼具理工和人文知识背景，在传统工艺调查研究方面有较丰富的积累，熟悉所涉地区或专题的传统技艺。他们在多年工作的基础上，做了必要的补充调查，围绕各自的选题开展综合研究，填补了某些空白。比如，郭世荣、关晓武、任玉凤主编的《内蒙古传统技艺研究与传承》汇集了内蒙古师范大学、内蒙古大学相关人员多年的研究成果，涉及内蒙古地区衣食住行、器用、艺术、狩猎等方面，阐述了服饰、奶制品、蒙古包、勒勒车、马头琴和弓箭等所使用的具有民族和地域特色的蒙古族传统技艺的演变、现状、特点和社会功能，为认识内蒙古地区的传统技艺提供了不可多得的案例。

王丽华、严俊华、李盈秀所著的《云南大理白族传统技艺研究与传承》一书，聚焦云南大理白族的传统技艺，呈现了织布机、桥梁、洱海帆船和民居等所使用的技术，阐释了白族传统技艺的文化内涵。

韦丹芳、万辅彬、秦双夏等所著的《广西传统技艺研究与传承》，汇集了近十年来对广西传统技艺的调查成果，阐述了手工纸、壮锦、侗布、铜鼓、响铜器、水碾和水碓等的制作工艺和原料，剖析了这些传统技艺的社会文化价值。

李劲松、赵翰生所著的《黔桂衣食传统技艺研究与传承》基于实地调查，阐述了苗族、侗族和白裤瑶的织染绣技艺，以及黔、桂(北)地区食用植物油脂、酱、醋、茶和酒的制作技艺。

翟源静所著的《新疆坎儿井传统技艺研究与传承》从文化模式入手，考察坎儿井的结构、分布、建造技艺、祭祀活动及其所反映的技术文化，阐述了在现代化冲击下坎儿井技术文化的肢解过程，并注重分析坎儿井建造过程中和工程完成后的文化生成与进驻现象。

吕厚均、俞文光所著的《中国四大回音古建筑声学技艺研究与传承》总结了作者及其所在研究组30年的研究成果，介绍了对北京天坛回音建筑、山西永济普救寺莺莺塔、河南三门峡宝轮寺蛤蟆塔和重庆潼南大佛寺石琴这四大传统回音建筑的声学效应所做的测试实验，分析了它们的形成机制，并阐述了通过"冰质天坛模拟试验"再现回音壁、三音石和对话石等声学现象的过程，在研究方法和成果上都取得了突破。

经过六年的努力，终于迎来该丛书的刊印。期望这套书有助于推动科技史、文化人类学、社会学、技术传播和现代科技手段等在传统工艺研究领域的综合应用，并为传统工艺价值的提升和相关知识的传播做出新的贡献。

是为序。

华觉明

2017年5月

前言

　　新疆坎儿井是中国古代三大工程(新疆坎儿井、万里长城和京杭大运河)之一,是中国古代劳动人民智慧的结晶,是从远古跨越时空而来的沙漠绿洲文明,是中华民族引以为傲的人类文化遗产。它不仅属于中国,也属于世界。对它进行研究旨在论证:多文化并存并互相补充、人与自然和谐相处是维系人类文明持续繁荣发展的重要前提;文化体系与社会结构和当地习俗相交织而共生,同时一种新的文化系统的建立和完善也会引起原有社会秩序的重构,新的社会秩序与新的文化系统在磨合中达到新的平衡而趋于稳定;通过在地方性知识视角下对两种文化冲突过程的审视和冲突结果的解读,进一步揭示传统秩序的解体原因和现有秩序的建立机制;通过保护传承传统文化的路径梳理新疆坎儿井申遗过程,为这项工程浩大的技术文化遗产提供更多的理论论证和辩证分析,以期减少盲目性,增加可行性;在科学实践哲学、技术哲学的理论范畴内研究新疆坎儿井文化,不仅扩大了坎儿井研究的视野,也提升了坎儿井文化研究的理论层次。

　　本书以新疆坎儿井为研究对象,运用历史分析法,将坎儿井文化的建构放在特定的历史环境下考察;运用田野调查法访谈老坎匠的意会知识的口耳相传过程,以及通过深度访谈拯救出已经失传的木板定向方法;从人类学的地方性知识视角,看到传统文化的失落过程和现代文化的强势传播热潮;通过科学实践哲学和技术哲学的相关理论,阐释了坎儿井建造过程中文化的凝聚和坎儿井建成后成为焦点物的文化机理。进而从四种文化模式入手,详细考察了新疆坎儿井技术文化的远古成因、现存形态、未来命运,以及这四种文化模式立体交叉,共营共生共建文化秩序、社会结构,维系生存空间的过程。

　　围绕坎儿井掏挖场域呈现出来的不仅是环境的恶劣和劳动的艰辛,还有选择水源地时口耳相传的传承知识,这种现代科学尚不能解决的技术难题,大师父家族的人们却可以通过眼睛察看土壤颜色、鼻子闻土壤气味、耳朵听听拍打沙土的声音就可以找到水源藏匿之地。而暗渠路线选择中的独具慧眼,使得坎儿井水源地的水流经广袤的沙漠而到达居民生活和生产区成为可能。暗渠掏挖定向中流露出的设计智慧,使得坎匠们在茫茫戈壁上以节省人力、物力的方式完成工程。而工具具身后的独到领悟力,使得坎匠们在地下暗渠掏挖过程中利用简陋的油灯火焰摆动的方向就能判断危险到来的方向,从而实现有效避险。仪式形态的祭祀文化不仅传达了先民对自然的敬畏,同时也揭示了在仪式的导向作用下人人秩序、人神秩序的建构过程,以及庙宇在空间上的延续形式,不仅塑造了本民族形象,也讴歌了真善美,建立了朴素的价值观和世界观。以民间艺术形式呈现的文化,通过房屋结构设计中巧妙应用坎儿井,使得生活在炎热沙漠地带的居民能够享受到凉爽惬意的宜居空间,这是造型艺术与生态人文的完美组合。岩画这种来自远古的表达方式,让现在的人们了解到先民们以视觉形象的方式传递给我们的人与水的不寻常关系。

吐鲁番木卡姆是新疆维吾尔族的"诗歌总集",其中大型套曲中的第四部套曲以一种流传于吐鲁番民间的歌舞形式,在原生态的背景下模仿坎匠掏挖坎儿井的整个过程。用演员呈现坎匠在暗渠掏挖时挥汗如雨的情景,讴歌先民的勤劳和智慧;通过坎匠看到涌出的坎水时的喜悦,表达了热爱生活的先民与土地之间的血肉联系。奔放的舞姿展示了人们与恶劣的自然环境做斗争的勇气,宏大的场面呈现了长期生活在荒漠、戈壁、高山、森林的人们那丰富的情感、豁达的气质。该乐章以大型歌舞的形式向人们传达了坎儿井是维系壮丽的山川、纯真的爱情、淳朴的民风、美丽的家园的纽带。成功地展示了他们内心深处对坎儿井的热爱,建构了他们的生态观、自然观。

本书应用技术哲学的理论工具分析了技术过程生成文化、技术完成凝聚文化、生活过程运行文化、历史发展展示文化的过程。在坎儿井的建造过程,坎匠使工具"具身"扩大身体的能力,具身工具带出工具文化场域,"意向弧"投射出坎匠与世界之间的意蕴关联。这时,在坎匠周围投射出过去、未来、生存环境、坎匠们的意识形态以及生产道德情境,坎匠被置于一个具有新意义的世界中。在这个世界中,坎匠对周遭世界的感知也由"微观知觉"扩展到"宏观知觉"。当挖掘工具与坎匠的"具身关系"良好时,工具成为坎匠身体活动的一部分。具身程度越高,坎匠与周围世界的透明度越高,仿佛工具不存在一样。在坎匠工作的场域中,身体、工具、世界、文化(包括各种不在场的呈现)形成了一个短暂的自我封闭的、协调良好的系统。身体、意向对象、自然界之间的"意向弧"回路运行良好,人与世界成为一个有机协调的系统。当机电井逐渐代替坎儿井,人通过机电井不能感知外部的世界,机电设备就成为人与周遭世界的"隔离墙",这道"隔离墙"由清晰到模糊,人的感知不能穿越机电设备时,工具将人与自然完全隔离开,人与世界处在完全不透明的状态。"意向弧"断裂,掏挖现场的文化场域的完整性遭受破坏。在技术完成后进驻文化的过程中,坎儿井通过呼唤各方的参与而使自身成为"焦点物",成为凝聚文化的核心,承载文化的载体,维系人人、人神关系的纽带,人们生产实践的场所,生活的集中地,文化的衍生地,人们生活的中心和心灵休憩的场所。

目　录

第一章

引言

坎儿井的传统背景与研究意义

一、坎儿井的传统背景

1. 坎儿井是干旱沙漠地区所特有的、古老的水利技术工程,是绿洲冲积平原上具有地方性特色的技术,是中国古代先民与自然和谐相处的生存智慧

波斯语称坎儿井为"kariz""karaz""karez",它是一种古老的灌溉技术,适合于为干旱、半干旱地区提供农业灌溉和日常生活所需的水。由考古资料可知,坎儿井在中国新疆的应用已有2 000多年的历史,它是我们勤劳和智慧的祖先为了在干旱、高温、荒漠等恶劣的自然环境下生存,用巧妙的方式把渗入山脚、山谷下的天山冰雪融水引出地表的输水设施,是在一定地形坡度条件下利用重力势能对水进行牵引自流引灌的无动力输水工程,是至今仍在使用并发挥重要作用的活的传统技术和文化遗产。因具有重要的历史价值、地位、作用和意义,它已和万里长城、京杭大运河并称为"中国古代三大工程"[1]1098。

目前,世界上除中国外还有40多个国家有坎儿井,如伊朗、阿富汗、摩洛哥、巴基斯坦、吉尔吉斯斯坦、乌兹别克斯坦、叙利亚、日本、意大利、美国等。运行良好且大面积存在的国家有中国、伊朗、阿富汗及阿拉伯半岛的一些国家和非洲南部的部分国家。据西方学者考证,伊朗(古称"波斯")的坎儿井产生于公元前500年[2]27,至今已有2500多年的历史,其现存大约有4万条坎儿井,其中有22 000多条坎儿井正在使用,总长度达274 000 km,伊朗是目前坎儿井条数较多且仍在当地作为主要灌溉工具的国家之一[2]。中国的坎儿井主要分布在新疆的吐鲁番、哈密、奇台、木垒、库车、和田和阿图什等地。新疆坎儿井共有1 784条,坎儿井暗渠总长度5 272 km,有水坎儿井614条[1]1109。新疆的吐鲁番、哈密地区的坎儿井目前运转良好,仍在农业灌溉中发挥着重要作用,而其他地方的坎儿井基本上成为闲置的观赏设施或作为辅助用水装置。

2. 新疆坎儿井的保存和保护现状令人担忧,坎儿井的条数正在迅速减少,其生态环境逐步恶化,传统技术文化面临生存危机,致使当地人的生存状态和生活习惯发生了很大的变化,心理困惑日益加剧

坎儿井落户在干旱、半干旱地区,浇灌了干涸的土壤,湿润了干燥的空气,使焦黄的沙土地上变得瓜果飘香、牛羊遍地、鸟语花香、炊烟袅袅。随着人口数量的增加,

坎儿井条数的增多,绿洲面积逐渐扩大,大自然进行着良性的循环,呵护和滋养着一代又一代生活在这里的人们,使他们得以生息和繁衍,兴盛和发展。在这种人与自然的和睦互动中,经济逐渐发达,社会结构和社会秩序逐步建立,人们创造了绿洲文明,积淀了底蕴深厚的坎儿井文化。20世纪五六十年代以来,一系列新兴水利技术的引进,渐渐打破了这种平衡,当地的经济在经历了短暂的高速发展、释放尽新技术的"红利"之后,转而走向衰退。环境的日益恶化,甚至达到了危及人生存的程度。1953—2003年,新疆坎儿井减少了1 170条。一系列新的矛盾逐步凸显,大量的坎儿井退化、废弃,撂荒面积增加,土地盐碱化、沙漠化面积扩大,地下水位下降,致使各种风沙、泥石流等自然灾害增多。卫星遥感监测数据表明,吐鲁番地区迅猛发展的荒漠化土地面积已占总面积的46.87%,非荒漠化面积仅占总面积的8.8%[3]。从"人进沙退"到"沙进人退",世居在这里的人们陷入了深深的困惑,进而产生焦虑和恐惧。

科学技术的发展、社会的变迁、人口的增加、经济的增长,以及内外文化的冲突与交融、政治生态的风云变幻等,均给这个地区带来太多的冲击与无奈。在主动迎合与被动接受之间,这一系列的变化时而牵制、时而推动着这个地区的发展、社会生产模式的转换、经济关系的变化、社会秩序的重构。然而在这一历史长河中,坎儿井技术的微弱变化、运行方式的基本定格似乎给这一当地人长期赖以生存的宏伟工程留驻了封藏的历史记忆,却对现代技术的冲击几乎没有抵抗力,再加上全球化思潮在人们思想上产生的影响再次强化了现代技术冲击,弱化了传统技术的支撑,改变了人们原有的生存环境和生活状态,打破了原来的生活习惯。这种变化不仅从物质世界也从心理层面对当地人产生了相当大的冲击,使尚未适应快速变化的人们从内心深处产生困惑、恐惧甚至惊慌失措。

3. 国内外对新疆坎儿井的研究视角相对集中,仍存在很多需要关注的空间。技术哲学和文化人类学应该在坎儿井这项属于本国的、古老的、承载本民族优秀文化的、具有世界人类文化遗产性质的传统技术方面发出更多的声音

关于坎儿井研究的文献,更多的是从旅游和水利工程的角度进行分析。因为近年来,坎儿井作为一种旅游资源越来越受到来自世界各地游客的关注,给地方上带来了相当可观的经济效益,因而从开发旅游资源,优化旅游区社会环境,提高经济效益,美化人文景观方面论述的较多。坎儿井作为古代农业的水利命脉和现今农业灌溉的必要组成部分,受到水利专家和农业研究专家的重视。坎儿井数量多,工程量大,修造周期长,是一种大型的水利工程,因而也作为工程学的研究对象受到关注。而从地形地貌、土壤结构、地质层、气候、水产等方面进行专门研究的相对少一些,即使有些文章中有少量关于这方面的论述,也并未作为文章的主要内容。新疆是民族风情浓郁、宗教情节浓厚、地域特色突出的地区,其社会发展与坎儿井有着千丝万缕的联系,然而在民族、宗教、文化、社会等与坎儿井的关系方面的专题研究相对较少。

全球化浪潮产生的文化差异、观念变化、思维更新甚至传统信念动摇、道德视角转换，以及坎儿井数量减少、作用变化、传统地位丧失，均与在这一过程中发生的古今文明间的冲突息息相关。人们不断接受着新技术带来的高效快捷，新思维方式带来的审美视角，新文化笼罩下的色彩变幻，原有的传统生活方式、思维方式、价值观念、文化氛围被冲击得支离破碎，从而亟待建立一种新的平衡体系。在这种状态下，对新旧文化冲突的充分论证显得尤为必要。

坎儿井是具有新疆特色的地方性技术，无论其作为技术文化还是物质文化都有许多尚待挖掘和需要阐释的地方。到目前为止，对新疆坎儿井的阐释无论是从地方性的视角，还是从文化多样性保护的角度都尚不充分；坎儿井作为当地人生活的命脉，不仅具有技术性，而且围绕它的存续也衍生出了生活习俗、民族风情、艺术、宗教信仰、民族心理等之间的关联，而这些方面所受到的关注不够；坎儿井是长期在恶劣环境下生存的当地农牧民与自然环境做斗争的见证，也是人与自然智慧交往的结晶，而学界从该视角给予的解读还不够深刻。对坎儿井这样一种宏伟的技术文化工程，应从技术哲学和文化人类学的视角对其在建造过程中文化的生成和建造完成后进驻生活文化的汇聚，给出本领域的理论关注和实践阐释。

二、坎儿井的研究意义

1. 在全球一体化的大背景下，文化多样性、技术多元化是维持人类未来繁荣的一个重要课题

多元文化意指多种文化并存而和谐共处，每种文化都有自己的运行方式，而该种运行方式是在尊重其他文化正常运行方式的基础上，在自己的文化区域内按照自己的规律运行。每种文化都是多元文化环境的有机组成部分，都可以从别的文化中汲取营养，而非由于文化偏见去鄙视其他文化甚至企图消灭别的文化。只有这样，才能为人类社会持续存在和繁荣保存更多的文化传统和文化模式，保存更多的文化样态来丰富人类生存模式的基因库，以适应自然环境的复杂性和区域社会历史的多路径性。这样，随着人类社会结构的变化、自然环境形态的变迁，才会有更多的生存蓝本为人类的进一步发展提供借鉴，有更多的智慧成果启迪人类的大脑，从而避免由于新的社会结构模式和新的自然环境与无可选择的、唯一的文化形态强烈不匹配而造成人类社会的灭亡。因此，新疆坎儿井作为多元文化视角下的一个地方性案例，作为与自然和谐相处并解决干旱地区水利问题的成功范式，对其进行研究，寻找这种文化运行模式的内在循环机制，无论是对进一步的生态环境变化还是对人类社会的发展都有非常重要的意义。

对多元文化的关注和研究始于20世纪60年代的美国，一些学者认为美国大学人文学科的课程设置是欧洲文化中心主义的产物，他们坚决要求以"文化多元主义取代欧洲中心主义"，这场课程改革迅速从教育界向其他社会领域扩散。随后，这股思潮也

波及科学史领域,引起了科学史家的关注,打破了之前科学史的研究集中在主流科学上的研究范式,如李约瑟(Joseph Needham)的《中国科学与文明》[4],使人们了解到主流科学以外的灿烂文明;白馥兰(Bray Francesca)的《技术与性别:晚期帝制中国的权力经纬》[5],考察了宋代至清代中国传统社会中的"女性技术",从家庭空间与生活、女性的纺织生产、女性生育与保健等三个方面,分析了科技如何有力地传播和塑造中国传统文化中的性别规则与女性角色。20世纪90年代,学术界达成了一些共识,但仍有许多未解决的理论空白。2007年,刘兵教授的《面对可能的世界——科学的多元文化》[6]向我们展示了科学史研究中多元的文化视角,以及主流科学文化之外多元文化的丰富性。

本书选择坎儿井作为研究对象,意在进一步对主流文化的统治地位进行反思,对在本土标尺下多元文化存在的合理性予以论证,提供多元文化中典型的中国本土化的地方性案例。

2. 技术文化体系是与社会体系交织在一起的,技术的变迁必然引起社会秩序的重构,因而通过对两种文化冲突结果的解读,不仅发现了传统秩序的建立机制,也发现现有秩序混乱的原因

通过对四种文化模式的梳理,我们发现了社会秩序的建立机制以及世界观、价值观、生态观的形成过程。坎儿井建造中的技艺文化,即工具的使用技艺、选择水源地的方法、掏挖路径设计、实用定向技巧等,展示了在恶劣自然环境下"观天地之机,识自然之根"的生存智慧,如选择水源地时口耳相传的统摄知识、暗渠定向中流露的设计智慧和工具巧用中惊人的领悟力。坎儿井也通过召唤各方的参与建立起协调有序的社会关联。仪式形态的祭祀文化传达了先民对自然的敬畏,在远离喧嚣的新疆,在相对久远的年代,有些地区甚至到现在还保留着这种古老的祭祀方式。祭祀是祭众心灵施展导向性规训的仪式;祭文是秩序的副本,人神秩序、人人秩序在这里得到规约;掏挖前、中、后的祈祷是对这一秩序的多次强化。以神话、传说和习俗形式存在的文化模式不仅塑造了本民族形象,讴歌了真善美,而且建立了朴素的价值观和世界观。以民间艺术的形式呈现的文化,无论是房屋结构设计中对坎儿井优点的充分利用,还是岩画中对坎儿井的记载或是歌舞中的肢体语言对坎儿井的赞美,都通过抽象的艺术形象地抒发了人们对坎儿井的热爱,再现了人们的生态观、自然观。

在坎儿井逐渐被机电井取代的过程中,坎儿井地位下降,人际序列重构,坎儿井所承载的传统文化慢慢淡出人们的视野。坎儿井变成落后、陈旧、破败、过时的代名词,而机电井以活力、先进、时尚甚至先进生产力等身份出现。由此,坎儿井的地位首先在当地大部分人意识形态中被淡化和丢弃,进而是实体坎儿井数量的迅速减少。因而,我们应从新旧文明冲突的视角反思传统文明的现实和未来存在的意义。在反思强势文化的侵袭给这个地区带来太多发展困惑和情感困境的同时,也应该反思一

下传统文化的现代局限性。因此,如何面对历史与现实、发展与静止、经济与人文、现代化与古文化遗产,成为我们这个时代必须面对和解决的课题。

3. 从地方性知识的保护和文化传承的角度去理解新疆坎儿井申遗,为这项工程浩大的技术文化遗产提供更多的理论论证和辩证分析,以减少盲目性,增加可行性。在理性申遗的指导下,实现坎儿井自身的保护与国家、地方的利益双赢①

坎儿井是中华民族优秀水利技术文化的一个重要组成部分,在促进新疆区域进步与经济发展方面曾经起到不可替代的作用。坎儿井也是一份珍贵的世界人类文化遗产,是我们的祖先用他们的勤劳和智慧为我们留下的以物质财富为载体的精神财富,是不可多得的珍贵历史文化遗产,是中国现存的为数不多的"活"文物,具有无可替代的文化价值、科学价值、历史价值和学术价值。

2002年9月至2003年6月,新疆维吾尔自治区政府投资30万元对全疆坎儿井进行了全面普查、建档,绘制了坎儿井分布图,确定了重点保护区,开展了坎儿井长期的动态检测工作,并将普查结果整理出版了《新疆坎儿井》(上、下册)。2004年,伊朗向联合国提交了"伊朗坎儿井为'世界人类文化遗产'"的申请,虽然到现在还没有得到联合国的批准,但此事在中国国内还是引起了不小的震动。国家和地方政府立即行动起来,为坎儿井的修复和保护提供了大量的资金和政策支持,组织人力、物力进行坎儿井的抢修、保护。2005年6月,新疆制定了《新疆坎儿井保护利用规划》[7]。按照这一规划,9年内新疆将投资2.5亿元对坎儿井进行全面修复和保护工作,分三期完成,每三年为一期。2006年6月,坎儿井被国务院列为全国重点文物保护单位。《新疆维吾尔自治区坎儿井保护条例》[8]也于该年12月1日出台。同年,我国开始将坎儿井申报为世界级"人类文化遗产",在申遗材料的准备中对坎儿井的经济效益、生态效益、旅游效益、社会效益进行了评估。《新疆维吾尔自治区坎儿井保护条例》中详细地列出了需要保护的项目(对干涸坎儿井的恢复和对现用有水坎儿井的加固)、采取的技术措施和需要的资金量(参见表1-1)。2006年12月15日,新疆坎儿井被列入《中国世界文化遗产预备名单》②。

从目前所做的工作来看,坎儿井申遗还存在着一定的问题:一是重申遗轻文化。申遗工作井然有序,各项措施正在有条不紊地进行,政府的重视程度和投资力度也明显加大,凡和申遗相关的项目都在集中力量实施。然而,对坎儿井这个浩大工程申请"世界人类农业文化遗产"中"文化"的含义挖掘不够。坎儿井作为世界人类文化遗产,具有杰出的文化价值和生态意义,它代表了先民在与恶劣自然环境做斗争的过程中,

---

① 本处内容已经被整理发表:翟源静,刘兵.从地方性知识视角看新疆坎儿井申遗[M]//杨舰,刘兵.科学技术的社会运行.北京:清华大学出版社,2010.

② 2006年12月16日,《人民日报》第5版,"《中国世界文化遗产预备名单》重设目录",第31条。

为了自身的生存和发展所体现的一种特殊的智慧,是一种创造性的天才杰作。坎儿井的出现,使新疆这块干旱沙漠地区人类的定居、绿洲的发展、文明的产生成为可能,可作为传统的人类居住地或生活地的杰出范例。坎儿井这个具有新疆地方特色的文化载体,除本身的技术、原理、效能应该受到重视外,它所承载的地方性"文化"更应受到重视。其中包括千百年来与坎儿井同生共息的人们独特的生活方式,如傍坎儿井而生的吐鲁番民居,充分利用了坎儿井的优点;还有与坎儿井有关的岩画、祭祀、艺术和宗教、民俗和风情等。只有从新疆坎儿井文化多彩多姿的表现形式中充分挖掘其内涵,才能彰显地方文化的魅力。

二是重绩效轻原生态。所谓原生态技术,就是人民群众在日常生活和劳动中创作出的表达对生活和劳动热爱的最纯朴的不加修饰的技术及其文化。坎儿井文化的原生态,就是我国先民们通过身心理解大自然和顺应自然规律而采用的一系列掏挖技巧和掏挖工具,并围绕坎儿井的存续、使用、维修而衍生出的社会交往模式、生活方式、文化样态、宗教信仰和民族心理。原生态技术表现形式,为人类研究古代技术文化、社会进步的规律、人与自然的和谐共处方式、民族特色的产生机制提供了丰富的对象和思考空间。它对寻找千百年来生生不息的中华民族的文明基因、倡导文化多样性、重视文化地方性、展示中华民族传统文化独特的魅力,都具有非常重要的意义。

表1-1　新疆吐哈盆地坎儿井保护利用工程投资估算表(部分)①

编号	名称及规格	数量	单价	合计(万元)
第一部分	建筑工程			19 117.28
一	吐鲁番盆地			16 572.16
(一)	有水坎儿井保护工程	50 条		13 377.91
1	明渠工程			704.81
	土方开挖	10 698 m³	8.07 元 / m³	8.63
	土方回填	6 419 m³	12.00 元 / m³	7.70
	C20 预制混凝土	10 161 m³	444.24 元 / m³	451.39
	塑膜	200 121 m³	11.85 元 / m³	237.09
2	暗渠工程			11 550.49
①	输水段			11 338.23
	土方回填	25 795 m³	18.76 元 / m³	48.40
	土方开挖	51 590 m³	23.73 元 / m³	122.45
	C20 预制混凝土(8 cm)	134 699 m³	444.24 元 / m³	5 983.85
	D315 mm PVC 管	246 907 m³	64.15 元 / m³	1 583.96
	钢筋制安	5 805 t	5 817.66 元 / t	3 376.96

① 新疆水利水电科学研究院,吐鲁番地区水利科学研究所,《新疆坎儿井保护利用规划》,2005年6月9日。

表1-1为吐哈盆地坎儿井保护和利用工程投资估算表的一部分。我们看到在对坎儿井进行保护的投资项目中,利用现代技术对坎儿井进行加固、改造,在保护的三个阶段以及每一部分所用资金都占整体投资的绝大部分。改造后的坎儿井具有了现代的气息,也具有了古代坎儿井所不具备的优点,这种保护几乎是对原生态坎儿井的彻底再造。虽然看到了成绩,看到了政府对坎儿井保护的决心和力度,却遮蔽了申报文化遗产的本征诉求。

再者,坎儿井旅游给当地带来了可观的经济效益,对地方财政收入做出了不少的贡献,也为坎儿井再修复提供了一定的资金保障。但是这种经济效益造成的遗产破坏代价巨大。文化遗产具有多重属性,如文化属性、科学属性、经济属性、创造属性[9]等,在当今市场经济体制下,如何协调经济效益、政绩效益与文化遗产保护之间的关系,寻找它们之间的平衡点,是目前坎儿井申遗过程中首先应该思考的问题。

文化遗产保护中的"文化"不是一个空泛的概念,它是和特定的时空扭结在一起的,在特定时空中的人创造的特定时空文化,完全抽象独立的"文化"是不存在的,即特定的人类实践创造了特定的文化,而我们在申遗中所保护的"文化",应该是原生态、没有被熏染的"文化"。它与被现代技术改造后的载体所承载的"文化",与现代人类的实践再次作用后所呈现的"文化"是不同质的。因此,澄清坎儿井文化的具体内涵,挖掘文化的多种模式,进行极深层次、多理论视角的探讨,将对校正遗产保护的方向性和回避申遗过程中可能出现的偏离做出有益的贡献。

4.尝试用科学实践哲学、技术哲学的理论研究新疆坎儿井技术文化,不仅扩大了坎儿井研究的视野,同时也是用这些理论来分析具体的地方性知识的一次尝试

在科学实践哲学的理论下,坎儿井文化作为地方性知识,其演变是在两种文化簇的碰撞中进行的。现代化的文化簇不仅具有强势的话语权,而且具有强大的能量,它从生产地向外传播时就以强大的能量为后盾,再加上与本地政府结合在一起的政治因素及"正确性""先进性""西方性""潮流性"等文化外衣,以一种"山雨欲来风满楼"之势袭向坎儿井文化。新疆坎儿井文化在这样的冲击下被打破、被肢解。这个被肢解的过程既有惊喜和欢乐,也有痛苦和无奈。从起初当地人在各种宣传的诱导下对机电井抱幻想式的接受,到机电井扎根后给当地带来的各种令人错愕的后果,如与传统习俗的冲突、道德序列的重构、环境的恶化、水源地的枯竭等,水在当地人心中的神圣地位受到了挑战。

从技术哲学的视角看,坎儿井在建造时的文化生成过程中,坎匠使传统工具"具身",扩大了身体的能力,增加了"意向弧"文化场域的丰富性。但由"具身透明性"(坎儿井)向"解释学透明性"(机电井)过渡的过程中,由于复杂技术的非具身现象的出现,致使"意向弧"[10]受阻或断裂,使技术文化的完整性遭受损害。在技术完成后进驻文化的过程中,坎儿井成为人们生活的"焦点物",成为神灵的居住地、人们生活的中

心和心灵休憩的场所,成为滞留过去、前瞻未来的文化场域。当"焦点物"(坎儿井)被"设备"(机电井)取代后[11],机电井不再是社会交往的纽带、人们活动集会的中心、休憩的场所、无偿空调的供给者、神灵庇护的场所,而是成为随时由被"订造"而到场的"持存物",致使原有文化的"焦点"功能消失、社会秩序被解构。

我们应用科学实践哲学、技术哲学理论对坎儿井建造时生成文化的过程和坎儿井建造完成进驻文化的过程进一步解读,呈现了一个不同于人类学和社会学解读的景象,由此思考范围更加全面,视角得到转换。本书分别在科学实践哲学和技术哲学的视域下提出相对应的拯救文化迷失的解决方案。同时,也对相应理论本身的局限性提出了尝试性的完善。如在科学实践哲学中提出,科学传播的普遍性不能遮蔽知识产生的地方性。在技术哲学领域,把目的与手段的分裂细化为三个阶段,更清晰地解读了文化链断裂的过程,并把"焦点物"理论的应用范围从家庭延伸到社会,拓展了理论的应用空间。

第二节
国内外研究现状

一、国内研究现状

历史上,由于人口规模较小和社会经济发展水平较低,因而从西汉开始坎儿井发展较为缓慢,到清代道光年间吐鲁番的坎儿井只有近300条。清道光二十五年(公元1845年),林则徐被贬谪新疆时,提倡兴修水利开凿坎儿井,使吐鲁番盆地坎儿井增加到760条,为新疆坎儿井的发展做出了巨大的贡献。新中国成立初期,坎儿井的数量达1 000条。20世纪50年代末,国家重视水利建设,一度对新疆干旱地区坎儿井的开发给予了极大的关注,到1957年,坎儿井的数量增加到1 237条[12]。这一时期国内学术界也开始关注新疆的坎儿井,并发表了一系列文章。之后随着生产力的快速发展,经济和人口的急剧增长,对水的需求日益扩大,各种防渗引水工程和机电井的大量运用,加上当时人们认识上的不足,缺乏统一规划意识,致使地下水位下降,水源水位降低,许多坎儿井断流或干涸,这一时期坎儿井的数量迅速减少,学术界对坎儿井的研究兴趣减弱。到了21世纪,随着申遗热潮的到来,特别是2004年伊朗率先把其国内的坎儿井申报为"世界人类农业文化遗产",在中国引起了不小的震动。政界、学界乃至新闻界都加入到了关注的队伍中。历年我国研究坎儿井的文献数量变化见图1-1。

在新中国成立后的文献中,较早出现新疆坎儿井记载的是1965年由科学出版社出版的《新疆地下水》[13]一书。新中国成立后,国家为了综合考察新疆发展农业的自然条件,研究合理利用自然资源,为国民经济远景发展规划提供科学依据,组织人力、物

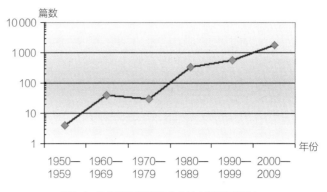

图1-1 历年我国研究坎儿井的文献数量变化

力对新疆的水文地质情况进行的一次全面的考察。其中坎儿井作为新疆地下水的一个部分被记录、考察，随后国内一些学者开始注意到新疆的坎儿井。由于受到《新疆地下水》的影响，这一时期学者们讨论的问题也集中在水质和水量上，如中国科学院陈墨香在1959年发表在《科学通报》上的《新疆坎儿井水利系统的利用问题》[14]，其内容是从地质成分和水中离子度、矿化度以及地质结构的角度探讨新疆地下水，得出的结论是新疆及甘肃的许多地方具备坎儿井挖掘的条件。

20世纪60年代，学者们开始关注新疆的气候与坎儿井的关系问题。1963年，吐鲁番水利局的韩承玉在《新疆农业科学》杂志上发表了一篇题名为《吐鲁番盆地的坎儿井》[15]的论文，它从吐鲁番的环境气候因素论证坎儿井存在的合理性。20世纪70年代，国内很少有直接研究坎儿井的学术文献。直到1982年，新疆水利厅的王鹤亭在《灌溉排水学报》上发表了一篇题名为《新疆的坎儿井》[16]的论文，才打破了这种僵局。王鹤亭在此文中通过资料调研和实证考察提出了坎儿井的"三种来源"。由于他的声望和学术成就，"三种起源"成为在他之后直到现在的学者讨论最为热烈的话题。

如黄盛璋赞成"波斯传入说"，他在吐鲁番出土文书中的回鹘文和唐、明两代的文献中没有找到有关坎儿井的记载，由此他推断"乾隆年间之前没有坎儿井"[17]，而波斯的坎儿井已经考古证实2 000年前就存在。从托克逊发现的两处岩画看，如果被证实上面画的确为坎儿井的话，那么新疆坎儿井的年代就远远早于波斯。黄盛璋还在他的文章《新疆坎儿井的来源及其发展》[18]中从坎儿井名称的词源去考究，karez与波斯语korēz(地下水道)的意思相近。现在用korēz来命名坎儿井的多分布在波斯文化影响的范围内，即伊朗周围的叙利亚、伊拉克、阿富汗、巴基斯坦等地。而葛德石(Cressey G. B.)通过调查统计发现，坎儿井的表达方法有很多种，"karez虽是波斯语，但在波斯以外的国家使用这个词比在波斯普遍，而波斯人自己使用了一个阿拉伯词'qanat'，意思为'在地下输送水的管道'。受波斯文化影响的国家常用的坎儿井的名字为：qanat, quanta, canant, connought, khanate, khad, kanayet, ghannat；而西南亚国家则常用karez, kariz, kahriz, kahrez, karaz, kakoriz；在北非则用foggara, mayon, iffeli, ngoula, khettara, khottara, rhettara;在阿拉伯半岛则用falaj, aflaj, felledj"[2]。直到目前为止,国内外也没有发现确切的证据能证明新疆坎儿井由东亚传入,不仅波斯没有,在新疆任何地方的文献中也未出现,因此还不能给这么大的一个学术问题下这样一个确定的结论。

王鹤亭在《新疆坎儿井的研究》中赞成"中原传入说"[19]。蔡蕃、蒋超在《论新疆坎儿井的发展与中原地区的关系》[20],储怀贞、钟兴麒在《吐鲁番坎儿井研究论文选辑》[21],常征在《谁是坎儿井的创造者?——兼辨大宛国贰师城》[22],钱伯泉在《新疆坎儿井的历史及其渊源》[23]中都提出了此观点。

而钱云在《新疆坎儿井探讨》[12]中赞成"新疆人民自创说",哈运昌的《物竞天择——吐鲁番盆地坎儿井之起源和发展》[24]、张席儒的《新疆坎儿井的形成条件与起源学说》[25]等都试图通过挖掘资料支持这一观点。阿里木·尼亚孜的《岩画——坎儿井考证起源的物证》[26]、梁翊德的《谈谈如何考证中国新疆坎儿井的起源》[27]、尼亚孜·克力木的《论吐鲁番的坎儿井》[28]、力提甫·托乎提的《论kariz及维吾尔人的坎儿井文化》[29]等都从各自的角度提出了赞同"新疆人民自创说"的理由。

对新疆坎儿井起源的追溯持续升温成为关注坎儿井的主基调,而从坎儿井自身的文化特征出发研究新疆坎儿井的文献并不多见。2006年,中央民族大学的金善基写了题为《新疆维吾尔族的坎儿井文化》[30]的硕士毕业论文,基本上也是追述坎儿井的来源、构造和现状,其中有一节是"新疆维吾尔族的农耕文化",但基本上和坎儿井文化关系不大。现在国内以新疆坎儿井为研究对象的汉文著作主要有三种:《新疆坎儿井》《吐鲁番坎儿井研究论文选辑》《干旱地区坎儿井灌溉国际学术讨论会文集》[31]。其中《吐鲁番坎儿井研究论文选辑》是论文集,《干旱地区坎儿井灌溉国际学术讨论会文集》是会议论文摘要集,而《新疆坎儿井》是记录现有坎儿井在新疆的分布位置、温度和年代的实测资料。两本论文集的内容多有重复,可见此前对新疆坎儿井的研究缺乏系统性和专题性。

二、国外研究现状

目前,从国外可以检索到的英文文献看,国外对坎儿井的研究和中国基本上处于同一时期。但从整体上看,国外学者对坎儿井的研究无论是研究方法还是学科方向及文献挖掘均比较成熟。美国的人文地理学家亨廷顿(Huntington E.)在《亚洲的脉搏》[32]一书中,根据他20世纪初在新疆的考察经历,对坎儿井的存在年限和来源做了简要阐述,对新疆吐鲁番地区用水相对单一的状况联系楼兰的消失做了相对悲观的概述。英国的考古探险家、东方学者斯坦因(Marc Aurel Stein)于1900—1901年、1906—1908年、1913—1915年,先后三次来到新疆探险,并写了相应的论文讨论了他的新疆之行[33-36],但对坎儿井只是简单地描述,直接给出"来源于波斯"的判断,没有作进一步学术论证。伯希和(Paul Pelliot)曾于1906—1907在吐鲁番考古,他认为吐鲁番的坎儿井暗渠与波斯的地下水道遥相类似,由此他在《西域考古图记》[36]中推断建造坎儿井之法源自波斯。美国的地理学家葛德石(Cressey G. B.)1958年在《美国地理评论》杂志上发表了名为*Qanats*,*Karez*,*and Foggaras*[①]的文章[2],对坎儿井的结构和分布状况,坎儿井水源选取地的地质、水质状况及水质和水量在不同地方、不同季节的变化论述得也比较详细,重点讨论了坎儿井技术是由波斯通过阿拉伯半岛向其他国家扩散的。该学者还是研究中国问题的专家,他对中国从清代到新中国成立初期的地理状况、资源分布和土地开发程度等问题都有相应的关注[37]。同时该学者对全球很多国家的坎儿井都进行了介绍,但在提到中国的坎儿井时,他只用了一句话进行概括:"中国的坎儿井就是波斯帝国时期坎儿井向周边国家传播的产物"[37]。20世纪60年代,西方学者的文章主要集中在论述坎儿井对处于干旱、半干旱地区的古代世界人定居的重要性[38-41]。近10年来,学者们除了利用人类学和考古学的方法继续对许多国家坎儿井的年代进行确认,来为坎儿井是由波斯向外传播和扩散的寻找证据外,更加注重关注各个国家和地区坎儿井技术上的差别。戴尔·莱特富特(Dale R. Lightfoot)在他的文章《坎儿井在阿拉伯半岛的起源和扩散》[42]中,就从阿拉伯半岛上南北坎儿井技术的微弱变化角度来探讨这种技术的变迁路径。对于新疆的坎儿井,他在该文中也只简单提到"新疆的坎儿井是通过'丝绸之路'由波斯传入的"[42]这样的论断。

国外对坎儿井的研究成果较多,多是利用人类学和考古学的方法来研究一国坎儿井技术的结构和追溯这些技术传播的路径。比较集中的方向是从环境、技术、坎儿井名称的变化、坎儿井形状的变化来为"波斯是坎儿井的发源地"寻找证据。国外对中国的坎儿井做专题研究的不多,大多是在做比较研究时把新疆坎儿井作为波斯坎儿井向外传播的一部分或作为一个适合坎儿井存在的干旱、半干旱地区的特殊案例列入。

参考文献

[1] 新疆坎儿井研究会.新疆坎儿井[M].乌鲁木齐:新疆人民出版社,2006.

[2] CRESSEY GB. Qanats, Karez, and Foggaras [J]. Geographical Review, 1958, 48 (1):27-44.

[3] 李新颜,白剑锋."坎儿井"能否清泉长流[N].人民日报,2000-08-15(5).

[4] NEEDHAM J. Science and Civilisation in China [M]. Vol.1. England: Cambridge University Press, 1954: 236.

[5] BRAY F. Technology and Gender: Fabrics of Power in Late Imperial China[M]. Berkeley: University of California Press, 1997:7.

---

① 三个词在中文中都译为"坎儿井"。

[6]   刘兵.面对可能的世界——科学的多元文化[M].北京:科学技术出版社,2007.

[7]   新疆水利水电科学研究院,吐鲁番地区水利科学研究院.新疆坎儿井保护利用
       规划[Z].新疆:新疆水利水电科学研究院,2005.

[8]   新疆维吾尔自治区人大常委会,农业与农村工作委员会,新疆维吾尔自治区水
       利厅,等.新疆维吾尔自治区坎儿井保护条例[Z].新疆:新疆维吾尔自治区人大
       常委会,2006.

[9]   中国科学技术学会学术部.遗产保护与社会发展[M].北京:中国科学技术出版
       社,2007:2.

[10]   MERLEAU-PONTY M. Phenomenology of Perception [M]. London: Routlege,
       1962.

[11]   BORGMANN A. Technology and the Character of Contemporary Life: A Philo-
       sophical Inquiry[M]. Chicago: University of Chicago Press,1984.

[12]   钱云.新疆坎儿井探讨[C]//夏训诚,宋郁东.干旱地区坎儿井灌溉国际学术讨
       论会文集.乌鲁木齐:新疆人民出版社,1993:87-90.

[13]   中国科学院新疆综合考察队,中国科学院地质研究所,中国科学院新疆分院.
       新疆地下水[M].北京:科学出版社,1965:243.

[14]   陈墨香.新疆坎儿井水利系统的利用问题[J].科学通报,1959(14):461-462.

[15]   韩承玉.吐鲁番盆地的坎儿井[J].新疆农业科学,1963(11):442-445.

[16]   王鹤亭.新疆的坎儿井[J].灌溉排水学报,1982,1(4):18-26.

[17]   黄盛璋.再论新疆坎儿井的来源与传播[J].西域研究,1994(1):66-84.

[18]   黄盛璋.新疆坎儿井的来源及其发展[J].中国社会科学,1981(5):209-224.

[19]   王鹤亭.新疆坎儿井的研究[J]//夏训诚,宋郁东.干旱地区坎儿井灌溉国际学术
       讨论会文集.乌鲁木齐:新疆人民出版社,1993:1-5.

[20]   蔡蕃,蒋超.论新疆坎儿井的发展与中原地区的关系[C]//夏训诚,宋郁东.干旱地
       区坎儿井灌溉国际学术讨论会文集.乌鲁木齐:新疆人民出版社,1993:18-23.

[21]   钟兴麒,储怀贞.吐鲁番坎儿井研究论文选辑[M].乌鲁木齐:新疆大学出版社,
       1992.

[22]   常征.谁是坎儿井的创造者?——兼辨大宛国贰师城[J].历史研究,1982(3):
       121-126.

[23]   钱伯泉.新疆坎儿井的历史及其渊源[J].西北史地,1990(4):70-78.

[24]   哈运昌.物竞天择——吐鲁番盆地坎儿井之起源和发展[C]//夏训诚,宋郁东.
       干旱地区坎儿井灌溉国际学术讨论会文集.乌鲁木齐:新疆人民出版社,1993:
       66-68.

[25]   张席儒.新疆坎儿井的形成条件与起源学说[C]//夏训诚,宋郁东.干旱地区坎

儿井灌溉国际学术讨论会文集.乌鲁木齐:新疆人民出版社,1993:49-53.

[26] 阿里木·尼亚孜.岩画——坎儿井考证起源的物证[C]//夏训诚,宋郁东.干旱地区坎儿井灌溉国际学术讨论会文集.乌鲁木齐:新疆人民出版社,1993:61-62.

[27] 梁翊德.谈谈如何考证中国新疆坎儿井的起源[C]//夏训诚,宋郁东.干旱地区坎儿井灌溉国际学术讨论会文集.乌鲁木齐:新疆人民出版社,1993:64-65.

[28] 尼亚孜·克力木.论吐鲁番的坎儿井[J].吐鲁番学研究(维文版),2000(1):15-19.

[29] 力提甫·托乎提.论kariz及维吾尔人的坎儿井文化[J].民族语文,2003(4):51-54.

[30] 金善基.新疆维吾尔族的坎儿井文化[D].北京:中央民族大学,2006.

[31] 夏训诚,宋郁东.干旱地区坎儿井灌溉国际学术讨论会文集[C].乌鲁木齐:新疆人民出版社,1993:6-14.

[32] HUNTINGTON E. The Pulse of Asia: A Journey in Central Asia Illustrating the Geographic Basis of History [M]. Boston and New York: Houghton Mifflin Company,1907.

[33] STEIN MA. Note on a Map of the Turfan Basin [J]. The Geographical Journal, 1933, 82(3):236-246.

[34] STEIN MA. Sir Aurel Stein's Expedition in Central Asia [J]. The Geographical Journal, 1915, 46(4):269-276.

[35] STEIN MA. Detailed Report of Explorations in Central Asia and Westernmost China[M]. Vol.3. Oxford: The Clarendon Press, 1928:1150.

[36] STEIN MA. Ruins of Desert Cathay-Personal Narrative of Explorations in Central Asia and Westernmost China[M]. London: MacMillan and Co., 1912.

[37] CRESSEY GB. China's Geographical Foundation:A Survey of the Land and Its People[M]. New York and London: McGraw Hill, 1934.

[38] WULFF HE. The Traditional Crafts of Persia: Their Development, Technology, and Influence on Eastern and Western Civilizations[M]. Cambridge and London: M.I.T. Press, 1966: 249-256.

[39] HUMLUM J. Underjordiske Vandingskanaler: Kareze, Qanat, Foggara, Kulter-geografi[J]. 1965(16):81-132.

[40] ENGLISH P W. The Origin and Spread of Qanats in the Old World [J]. Proceedings of the American Philosophical Society, 1968, 112(3):170-181.

[41] WULFF HE. The Qanats of Iran[J]. Scientific American, 1968, 218:94-105.

[42] LIGHTFOOT D. The Origin and Diffusion of Qanats in Arabia: New Evidence from the Northern and Southern Peninsula [J]. The Geographical Journal, 2000, 166(3):215-226.

第二章 新疆坎儿井的结构和分布 ①

---

① 本章的部分内容已被整理发表在:翟源静,刘兵.新疆坎儿井工程中的文化冲突及其消解[J].工程研究——跨学科视野中的研究,2010,2(1):55-61.

本章将结合坎儿井示意图,介绍坎儿井的结构和原理;根据对坎儿井现存状态的统计数据,展示新疆坎儿井的历史分布和现存状态;再通过对坎儿井在新疆存在的必要性的分析,来阐释新疆坎儿井令人忧虑的现状和亟须拯救的急迫性。

第一节

新疆坎儿井的结构和分类

一、新疆坎儿井的结构

新疆坎儿井由竖井、暗渠、明渠、蓄水池等四部分组成,如图2-1所示。

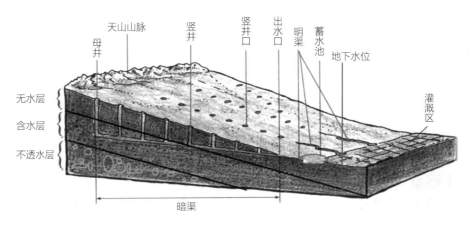

图2-1 新疆坎儿井工程结构示意图

竖井是垂直于地表、向下通向暗渠的通道,竖井井口呈矩形,用于通风、出土,供掏挖坎匠和维修坎匠进出及在暗渠中劳作的坎匠运送各种工具和防护物资。暗渠内掏挖出的松土由柳条筐经竖井送出地面,堆在竖井口四周,形成大小不等的土堆,可阻挡风沙和山洪对坎儿井的侵蚀。竖井口终年以树枝、秸秆、木板等做棚盖遮覆,现在有些竖井井口也用预制板或水泥板遮护,井盖上以沙石、泥土密封,以防流沙渗漏、雨雪冻融损害。竖井井口间距疏密不等,上游比下游间距长,一般间距为30~50 m,靠近明渠处间距为10~20 m。竖井的深度,深者在90 m以上,最长达150 m,从上游至下游由深变浅[1]。竖井是坎儿井首先要定位和挖掘的工程。

暗渠是坎儿井的功能主体,是把天山融雪渗入地下部分的潜水由山前的潜水区经过戈壁和沙漠输送到适合人居住的生活区和灌溉区的主要通道。暗渠在当地又称"廊道",廊道又分为集水廊道和输水廊道,当地的居民称集水廊道为"水活",输水廊道为"旱活"。"水活"的长短,切割地下水位线的深浅,决定了坎儿井源头水量的大小。"水活"的水平长度一般在50~200 m[27]。水量大时为一头,即只开挖一个集水廊道;当水量一般时,会同时掏挖多个集水廊道,以增加水源处的出水量。"旱活"一般长3~5 km,少数大于5 km,最长的超过10 km[27]。"旱活"穿过沙砾层时水量损失很大,每千米损失率在8%~15%,一条3~4 km的坎儿井水量损失30%~60%[3]。暗渠断面为长方形、圆形或穹形,高1.5~1.7 m,宽0.8 m左右。由于系人工开挖,需凭经验施工。暗渠内水深一般仅为0.3~0.5 m,个别地段水深超过1 m。暗渠平均纵坡1/300~1/100,少数坎儿井暗渠平均纵坡大于1/500[4]。一般情况下,地层坚硬地段的纵坡大,疏松地段的纵坡小;"水活"处纵坡大,"旱活"处纵坡小。暗渠的出水口也叫"龙口",中国传统神话传说中龙是掌控水的神灵,取名"龙口"就是希望坎儿井水能长流不断。

龙口连接涝坝,涝坝又称"蓄水池",用以调节灌溉水量,缩短灌溉时间,减少输水损失。涝坝面积不等,以600~1 300 m²为多,水深1.5~2 m。涝坝的大小决定于坎儿井蓄水量的大小,一般以晚上蓄满为好,有利于调节灌溉时间,保证浇地质量,减少跑水浪费现象。蓄水池不仅可以用来调节灌溉水,还可和明渠一起调节空气湿度、改善居住环境。由于涝坝水量稳定、水温适中(一般夏季水温为16~17℃,即使在严冬也不低于10℃),矿化度低(pH为7.9~8.2),为当地的生物多样性提供了适宜的生存条件,是干旱沙漠地区罕见的鱼类、两栖类动物和各种鸟类的乐园。另外,还有多种浮游生物成为鱼类的天然食物,而这么多种生物的排泄物则可为农田提供充足的营养,从而形成一个良性循环的小生态环境。流向庭院的坎水,不仅水质清澈,且含有人体所需的十几种微量元素,是不用加工的天然饮用水,非常有利于人的身体健康。

和涝坝连接的明渠是坎儿井输水渠道由地下走出地面的部分。一般在村民居住区附近或被浇灌的土地旁边,多环绕居民区或穿过居民的庭院,以方便居民生活,或直接流向田间地头用来灌溉农田。

坎儿井水在地下通行对地表破坏力小。由于技术难度不高,当地居民可以自行维修和开挖。水流经之处水向下渗透,对地下水位可起到很好的调节和补充作用。因此,井水所到之处绿洲兴起,不仅能起到固沙和防风作用,而且对居民区的气候起到了很好的调节作用,使原本不适合人类居住的干旱、半干旱地带变得气候适宜、瓜果飘香。在富含微量元素和多种矿物质的坎儿井水浇灌下的吐鲁番葡萄和哈密瓜,以其营养丰富、口感醇美而享誉中外。

二、新疆坎儿井的分类

按源头所在的位置,可将新疆坎儿井划分为三种类型(参见图2-2):第一种是山前潜流补给型,这类坎儿井直接引取山前侧渗到地下的潜流,集水段一般较短;第二种是山溪河谷补给型,引取山间谷底的地下潜流,如源头分布在火焰山以北灌区上游的坎儿井,它们处在地下水补给十分丰富的山溪河流摆动带上,源头距补给源近,这类坎儿井集水段较长,出水量也较大,分布最广;第三种是平原潜水补给型,引取平原中潜水丰富的潜流,这类坎儿井一般分布在灌溉区内,地层为土质构造,水文地质条件较差,一般出水量较小。

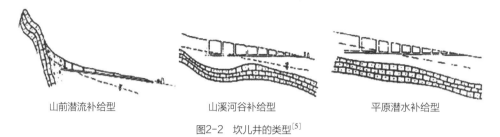

山前潜流补给型　　　　　　山溪河谷补给型　　　　　　平原潜水补给型

图2-2　坎儿井的类型[5]

按水文地质条件,可将坎儿井分为两类:一类是砂坎,此类坎儿井所在地层为沙砾层,单井出水量较大,矿化度低,水量稳定。这类坎儿井群所在的地区大致为鄯善县的七克台镇、辟展乡,连木沁镇的汉墩地区、吐鲁番市的胜金乡以及火焰山以南的冲积扇灌区上缘。这一部分坎儿井所采集的地下水大部分还是天山水系形成的地下潜流,经过几十千米的漫长渗流,因受到火焰山的阻隔而上升,越过火焰山各山口后以泉水和地下潜流的形式出现,属山溪河谷补给型。但其中有一部分水是火焰山北灌区引用的地表水通过渠道渗漏补给地下水的,所以分布在火焰山以南的冲积扇灌区上缘的坎儿井一般为山前潜流补给型或山溪河谷补给型。另一类坎儿井叫土坎,此类坎儿井所在地层为土质地层,一般分布在火焰山南灌区的下游地带,属平原潜水补给型。一般较浅,井深20 m左右,出水量少,矿化度高,有的达不到饮用水的标准,有少数甚至不能用于灌溉。

第二节
坎儿井在新疆的分布情况

2003年对新疆坎儿井进行第一次普查时,新疆坎儿井的总数是1 784条,暗渠总长5 272 km,流量23.99 m³/s,控制灌溉面积289.3 km²。截至2003年7月,新疆有水坎儿井614条,总径流3.2×10⁸ m³,总控制灌溉面积115.3 km²。已干涸坎儿井1 170条,其中有261条坎儿井已被填平,可修复的有207条,不可恢复的坎儿井计702条[6]1109。坎儿井在新疆的分布极不均匀,主要集中分布在东部博格达山麓的吐鲁番和哈密两个地区。这两个地区有水坎儿井总数99条,占全疆坎儿井总数的97%以上。其余15条坎儿井分布在乌鲁木齐市、昌吉回族自治州奇台县和木垒县、和田地区皮山县、克孜勒苏柯尔克孜自治州阿图什市及阿克苏地区库车县等地。(如表2-1所示)。

表2-1　2003年新疆坎儿井分布统计表①

地区	项目	坎儿井总数(条)	有水坎儿井数(条)	可查干涸的坎儿井数(条)	报废消失的坎儿井数(条)	水流速(m³/s)	年出水量(10⁸m³)	日灌面积(km²/日)	控灌面积(km²)
吐鲁番	2003年有坎儿井	1 091	404			7.35	2.31	4.90	88.20
	比1957年减少有水坎儿井	146	833	687	146	10.51	3.31	7.01	126.07
哈密	2003年有坎儿井	382	195			2.23	0.69	1.47	26.80
	比1943年减少有水坎儿井	113	300	187	113	3.90	1.28	2.67	48.07
其他	2003年有坎儿井	50	15	35	2				
合计	2003年有坎儿井	1 523	614			9.58	3.01	6.39	115
	总共减少有水坎儿井	261	1 170	909	216	14.41	4.96	9.67	174.13

一、吐鲁番地区坎儿井分布情况

1949年前,吐鲁番工农业及人畜用水主要靠泉水和坎儿井水。到1949年底,吐鲁番地区有可使用的坎儿井1 084条,年出水量5.081×10⁸ m³,总流量16.11 m³/s,灌溉土地303.9 km² [6]1109。之后随着社会的发展、人口的增加,耕地面积不断增长,从20世纪50年代开始,为了增加供水量,当地主要靠挖新的坎儿井,掏捞延伸旧的坎儿井,对原有的坎儿井增加源头泉眼,在暗渠中打自流井等办法来增加出水量。到了1957年,坎儿井的条数发展到最高峰,共有1 237条,年出水量增加到5.626×10⁸ m³,总流量增加到17.86 m³/s,可灌溉土地214.3 km² [7]。

1957年冬至1967年,吐鲁番地区水利建设主要是开发地表水,于天山深处的河沟上修建了12座永久性引水渠道,同时修建干渠340 km,支渠850 km,年引水量达到2.6×10⁸ m³ [6]1100。从1958年开始,在旧渠改建的基础上,进行了新一轮的水利建设。到1966年,基本实现农田灌溉自流化、农业耕作机械化。从1968年到1985年,吐鲁番地区共打机电井3 431眼,年抽水量1.765×10⁸ m³。其间还修建了中小型水库10座,总库

---

① 此表根据新疆统计年鉴、各地区统计年鉴中有关坎儿井记载的年鉴、新疆水利档案及2003年新疆坎儿井大普查的数据整理而得。2003年至今,国家和新疆维吾尔自治区对新疆坎儿井十分重视,先后进行了多次投资,对坎儿井的保护和修缮投入了大量的人力、物力和财力,使得坎儿井在一定程度上得到了保护。2014年,吐鲁番地区水利科学院对吐鲁番地区的坎儿井进行了再次普查,与2003年的普查结果相比还是有一定的变化,而其他地区还保留在2003年的数据。

容0.62×10⁸ m³,灌溉面积增加到664.6 km² [7]。地表水、地下水资源亦出现了重组和重新配置的现象,使得到1987年吐鲁番地区坎儿井减少了800条,年出水量降为2.912×10⁸ m³ [7]。1990年以后,新疆开展了农田水利基本建设"天山杯"竞赛活动,农田水利工作也以小型农田水利建设为主,重点抓渠道防渗和坎儿井涝坝防治建设,还引进推广了滴灌、低压管道输水等先进节水灌溉技术。到2003年止,修建各类渠道14座,干、支、斗、农四级渠道6 110 km,累计防渗4 774 km,防渗率达80%。其中,干、支、斗三级渠道3 531 km,累计防渗2 743 km,防渗率77.7%,高新节水灌溉面积约31.7 km²。总灌溉面积增加到790.41 km²,地表水、地下水之间的关系得到进一步调整。有水坎儿井条数降为404条,总流量为7.352 m³/s,年出水量为2.68×10⁸ m³,坎儿井的灌溉面积也增加到88.2 km² [7]340。吐鲁番地区坎儿井条数及其流量的变化如图2-3所示。

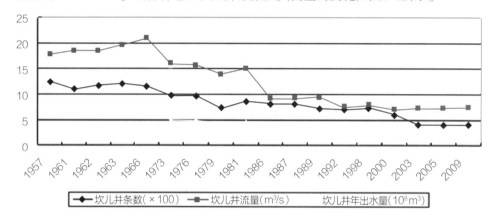

图2-3 吐鲁番地区坎儿井数量和水流量的变化

吐鲁番地区2003年至2009年共有坎儿井1 091条,数量保持稳定。坎儿井暗渠总长度3 724.11 km,其中有水坎儿井404条,干涸坎儿井687条,可通过维修保护恢复的有185条,不可恢复的有502条[8]。到2014年,对吐鲁番地区的坎儿井进行第二次普查时,吐鲁番地区共有坎儿井997条,其中有水坎儿井214条,干涸坎儿井783条,无资料的坎儿井39条。有水坎儿井总长度3 491.74 km,总流量3.644 m³/s,年径流量为1.15×10⁸ m³。与当地坎儿井数量最多时(1957年)相比,有水坎儿井数量减少1 023条。①坎儿井的分布状况如表2-2所示。

表2-2 吐鲁番地区坎儿井分布

县(市)	坎儿井总数(条)		有水坎儿井数量(条)		干涸坎儿井数量(条)	
	2003 年	2014 年	2003 年	2014 年	2003 年	2014 年
吐鲁番市	512	517	253	115	259	402
鄯善县	397	401	101	72	296	329
托克逊县	182	79	50	27	132	52
合计	1 091	997	404	214	687	783

---

① 吐鲁番坎儿井研究院,吐鲁番地区坎儿井普查报告,2014年12月。

(一)吐鲁番市的坎儿井

2003年,吐鲁番市有坎儿井512条,其中土坎353条,砂坎159条,单井流量都在0.1 m³/s以下[9]。坎儿井总长度1 535.558 km,其中有水坎儿井253条,干涸259条。总流量3.795 5 m³/s,控灌面积45.5 km²。2014年,吐鲁番市有坎儿井517条,其中有水坎儿井115条,干涸坎儿井402条,总流量为3.795 56 m³/s,总灌溉面积达979.5亩/天。①

(二)鄯善县的坎儿井

2003年,鄯善县坎儿井总数为397条,其中有水坎儿井101条,总流量为2.21 m³/s,总控灌面积为26.5 km²,约占鄯善县灌溉面积的1/6,主要集中在七克台镇、辟展乡、连木沁镇、达浪坎乡、迪坎乡[10]。2014年,鄯善县有坎儿井401条,其中有水坎儿井103条,干涸坎儿井329条,坎儿井总流量1.885 m³/s,总灌溉面积1 431.5亩/天。①

(三)托克逊县的坎儿井

2003年,托克逊县有坎儿井182条,其中干涸坎儿井132条,有水坎儿井50条。坎儿井年出水量0.281×10⁸ m³,总控面积16 km²,总长度600.287 km。该县坎儿井以砂坎为主,共有174条(含干涸的坎儿井),土坎8条[11]。2014年,该县有坎儿井79条,其中干涸坎儿井52条,有水坎儿井27条,坎儿井总流量0.347 m³/s,总灌溉面积254亩/天。①

二、哈密地区坎儿井分布情况

哈密地区有效灌溉面积441.2 km²。现有坎儿井383条,其中有水坎儿井195条。坎儿井暗渠总长度1 269 km,总流量0.693×10⁸ m³,总控面积26.8 km²。已干涸坎儿井187条,通过维修保护工作可以恢复的有22条,不可恢复的有165条。与当地坎儿井最多时(1943年的495条)相比,数量减少了300条,其中有113条无资料可查[12]483。表2-3是2009年哈密地区坎儿井的分布状况。

表2-3　2009年哈密地区坎儿井分布状况

(单位:条)

地区	现存坎儿井				报废坎儿井
	有水坎儿井	干涸坎儿井			
		总数量	可恢复的坎儿井	不可恢复的坎儿井	
哈密市	127	115	21	94	
巴里坤县	6	2		2	
伊吾县	11	1	1		
农十三师	47	54		54	
梯子泉	4	15		15	
合计	195	187	22	165	113

① 吐鲁番坎儿井研究院,吐鲁番地区坎儿井普查报告,2014年12月。

（一）哈密市的坎儿井

哈密地区的坎儿井主要集中在哈密市。新中国成立初期，原哈密县有坎儿井455条，灌溉面积27.7 km²。1981年全县普查，坎儿井还剩185条，总流量1.81 m³/s，年出水量0.57×10⁸ m³，灌溉面积18 km²。2003年3月调查统计，全市共有坎儿井242条，其中有水的127条、干涸的115条（可恢复有水的21条，报废的94条），总流量1.36 m³/s，灌溉面积8.9 km² [12]483。

（二）巴里坤县的坎儿井

巴里坤县的坎儿井在三塘湖乡岔哈泉村。三塘湖乡位于巴里坤城以北88 km的戈壁腹地，总面积11 000 km²。岔哈泉坎儿井位于三塘湖盆地，盆地内酷热干旱，降水稀少，盆地中心年降水量不足25 mm，山区年降水量也仅为100~300 mm，降水主要集中在莫钦乌拉山北坡。该地区为第四纪松散沉积物，具有良好的储水条件，三道白杨沟的积雪融水及山前暴雨洪流的入渗补给为坎儿井提供长期的水源[3]。

（三）伊吾县的坎儿井

伊吾县的坎儿井在下马崖乡。下马崖乡位于伊吾县东部，是伊吾县边境小乡，距县城48km，全乡以种小麦、玉米、瓜果为主，是单一的农业乡。下马崖乡位于喀尔乐克东端，乡内无大河流，仅在居民区上游有几处泉眼和十几条坎儿井。下马崖乡有有水坎儿井11条（其中有4条竖井塌方外露），总长2.897 km，流量0.207 m³/s，灌溉面积1.23 km²。有5条坎儿井的水汇入水库，流量为0.138 m³/s。另外，其周围有4处泉眼，流量为0.03 m³/s。水库设计库容为1.1×10⁶ m³ [6]1100-1109。目前，下马崖乡是坎儿井文化保留最为完整的地方，号称坎儿井文化的"活标本"。

三、其他地区坎儿井分布情况

目前在新疆其他有坎儿井的地区是乌鲁木齐县，和田地区的皮山县，克孜勒苏克儿克孜自治州的阿图什市，阿克苏地区的库车县，昌吉州的奇台县、木垒县。

（一）乌鲁木齐县的坎儿井

乌鲁木齐县现有坎儿井2条，保存良好，流量稳定。第一条是水利厅坎儿井，位于乌拉泊水库附近，由水利厅牧水处牵头请吐鲁番匠人于1987年开挖，主要用于林业灌溉，其补给水源为乌拉泊水库的渗流，年流量在0.02 m³/s左右，灌溉面积0.47 km²。该坎儿井暗渠总长度为310 m，有竖井17眼，最大竖井深度10 m[6]1110，竖井口用混凝土板覆盖。明渠采用PVC管道输水，加固防渗效果较好。

第二条是萨尔达板乡大泉子坎儿井，位于萨尔达板乡草原站附近，1985年由兵团四建一团组织开挖，当时主要用于疏导煤矿地下水，兼顾下游灌溉。该坎儿井地处山区低洼地带，为水流汇集处，上游地下水补给充足。地表层为松散的巨卵砾石层，暗渠总长约750 m，有30眼竖井，最大竖井深度为10 m。现出水量达到0.04 m³/s，主要用于约1 000口人和800头牲畜饮水[6]1110。

（二）和田皮山县的坎儿井

皮山县原有4条坎儿井，现在已经全部干涸，开挖时间都在20世纪40—50年代，到20世纪60—70年代干涸，目前只能找到3条坎儿井的遗迹，另一条坎儿井早已经被填平，无法查到具体位置[3]。

（三）克孜勒苏柯尔克孜自治州阿图什市的坎儿井

阿图什市共有3条坎儿井，都分布在阿扎克乡库木萨克村，古疏勒国故城和莫尔寺遗址附近，距古丝绸之路很近，已经全部干涸多年，干涸时间为30年左右[6]1112。

（四）阿克苏地区库车县的坎儿井

据传杨增新在新疆执政时，一个统领花了400两银子从吐鲁番请来匠人，于1916—1918年在库车挖了2条坎儿井，每条坎儿井有17眼竖井，两坎相距100 m左右。由于疏于掏捞和维修，已经全部干涸而被填平[3]。

（五）奇台县的坎儿井

据查，奇台县历史上有坎儿井30余条，现在能够找到的有19条。该地区地下水位较浅，坎儿井现已全部被机电井取代，原有的坎儿井已经全部干涸报废[3]。

（六）木垒县的坎儿井

据查，木垒县最多时有坎儿井41条，现在能够查到的有23条，其中有水坎儿井13条，无水坎儿井10条，多分布在较为偏远的牧区，水流量普遍较小且比较稳定，一般在0.01 m³/s以下[13]，对农业灌溉意义不大，基本上用于一些边远地区的人畜用水补充。

第三节
新疆坎儿井存在的必然性

从坎儿井的分布现状、现存数量和使用情况来看，吐哈盆地是目前坎儿井使用和保存比较完好的地区，也是现存坎儿井相对集中、管理较规范的地区，因而以吐哈盆地的坎儿井为研究对象，能够进一步开展实地调研，了解坎儿井存在的现状、坎匠们的生存状态，感悟先民的智慧。

一、对水的需求度高

葛德石认为，坎儿井出现的一个重要条件是"对坎儿井水的强烈需求，地面水严重不足，地下水太深或盐化度高"[14]28。吐鲁番盆地是天山东部的一个山间盆地，四面环山，十分封闭，因而增热迅速、散热缓慢，再加上日照时间长、降水少等，素有"火洲"之称。年平均日照时数为3049.5小时，年日照率为68%~70%，在农作物生长季节日照小时数每天在8~13小时。年平均气温为14 ℃，夏季平均气温为30 ℃，最高气温为49 ℃，最低气温为–28 ℃。年降水量为48.4 mm，最小降水量为2.9 mm，平均降水量为

17 mm。盆地中心的艾丁湖年均降水量仅5 mm。全年以夏季降水为最多,占全年降水量的60%~70%;春秋季较少,占14%~20%;冬季最少,仅占9%。年平均降水天数8~15天,连续无降水天数为299天。年平均蒸发量为2 844.9 mm,最多年份蒸发量为3 608.2 mm,最少年份蒸发量为2 284 mm。蒸发量变化由北向南逐渐增大,以春末和夏初最为旺盛,4至8月的蒸发量占全年的75%以上。大风较多,风向西北,8级以上大风平均每年超过31次,各主要风口在100次以上,因此,这里又被叫作"风都"[7]。

哈密地区属内陆盆地,处欧亚大陆腹地,远离海洋,为岗前冲积平原,周边被戈壁、沙漠包围,海拔800 m左右,且降水少、蒸发大、气候干燥。多年平均气温9.8 ℃,最高气温43.9 ℃,最低气温−32 ℃,年平均降水量为33 mm,年均蒸发量为3 046.3 mm[12]483。另外,吐哈盆地干热,风沙、盐碱等自然灾害频繁,植被稀疏,属于典型的大陆性干旱、荒漠气候。

二、满足一定的地形坡度要求且远处有丰富的藏水

"坎儿井常常被选定在有一定坡度的地方,通常在冲积扇面或山脚沉积砾石层,在陡峭的土地上才能利用重力的作用使坎儿井水由高的源头处向低处流。"[14]28 因此,要满足一定的坡降度才能使坎儿井这种输水方式成为可能。吐鲁番西部和北部与天山主脉博格达山相连,最高海拔5 445 m;东部为沙山,南部为觉罗塔克山,海拔都在600~1 500 m;中部为火焰山,地势北高南低,中间凹进,中心的艾丁湖海拔−154 m,是中国最低的内陆盆地。吐鲁番盆地顺山势东西长250 km,南北宽60~80 km,在群山环抱中形成了一个长条形深陷洼地。北部从博格达峰南麓至火焰山北坡,均为山前戈壁地带,地势平缓,坡降为33‰;火焰山南坡至艾丁湖区是低洼平原;自艾丁湖以南至觉罗塔格山是戈壁荒漠和丘陵,坡降为10‰[7]。这种地形坡为坎儿井预备了天然的条件。

在满足地形条件的同时,另一个重要的条件就是水源。很多极度缺水地区,虽然也具备一定的坡降度,但由于没有水源这个天然的条件,挖掘坎儿井只能成为空中楼阁。非常巧合的是,新疆的很多地方都满足这种冲积扇面边缘具备充足水源的条件。以哈密地区为例,哈密地区内地表水源于北部的巴里坤山、哈尔里克山形成的一些间歇性河流,这些河流的主要特征是流程短、河床狭窄、坡降大、流量小,河水除部分被引用外,大部分流出山口后渗入地下,补给了地下水;哈密盆地周围海拔3 000 m以上的现代冰川十分发达,有226条,总面积155.83 km²,冰储量81.709×10⁸ m³,折合水量56.89×10⁸ m³ [12]487,这些冰川融化下渗为丰富的地下水;山区和平原降水也会透过表面砾石和沙粒渗入地下快速流到扇面边缘。因此,哈密盆地内山前冲积扇面的边缘,地下水含量丰富,为坎儿井出现提供了第二个自然条件,为坎儿井的远距离供水提供了可能。

三、新疆的"走廊型"外贸为坎儿井的孕育提供了丰富的信息

所谓"走廊型"外贸,即出口产品主要来自内地,进口商品主要销往内地。新疆在对外贸易中起到了中国内地与国外商品贸易的连接通道的作用[15]。吐鲁番是古商道上的一座重镇,众多的商人往来于吐鲁番地区,为吐鲁番接收外界信息提供了便利,因此新疆的坎儿井最早出现在吐鲁番,并以吐鲁番为中心向周边传播。

中国史籍中记载的吐鲁番地区出现过的城镇主要有高昌、交河、西州、西昌、西昌州、高昌壁、火洲、和州、霍州等。2 000多年前的西汉时期,西域大部为匈奴所控制。匈奴社会掠夺性强,对西域三十六国危害较大,也威胁着西汉王朝边境的安全。西汉经过数十年休养生息,政权得到巩固。汉武帝派遣张骞出使西域,联合西域各国共抗匈奴。由于姑师(吐鲁番的古称)地处丝绸之路要冲,又是沟通天山南北的重要通道。汉代张骞两次出使西域后,西域各国纷纷与汉王朝建立了和平友好关系,往来使者将丝绸西运,进行商业性的贸易,形成了一条沟通东西的丝绸之路。公元前60年,西汉王朝在西域建立西域都护府后,吐鲁番一直是中国西域地区政治、文化、经济的中心。自唐至清的1 000多年中,高昌、吐鲁番也一直是古商道上的贸易集散地[16]。

在延绵不断的历史长河中,众多的商人往来于吐鲁番,国内外的一些技术信息通过来往人员携带到此地,这些信息也会在传播中寻找适合自己存在和发挥作用的土壤。坎儿井可能就是这样的一种技术信息,当这种技术信息与吐鲁番当时的自然条件、社会需求、文化土壤、先民智慧相碰撞时,便找到了它发挥作用的平台。因此,吐鲁番在历史上的这种"走廊型"贸易地位、人员强流动性的驿站功能,为坎儿井的孕育储存了大量的信息。

参考文献

[1] 翟源静,刘兵.从地方性知识视角看新疆坎儿井申遗[M]//杨舰,刘兵.科学技术的社会运行.北京:清华大学出版社,2010:163-173.

[2] 王鹤亭.新疆坎儿井的研究[C]//钟兴麒,储怀贞.吐鲁番坎儿井研究论文选集.乌鲁木齐:新疆人民出版社,1986.

[3] 新疆水利水电科学研究院,吐鲁番地区水利科学研究院.新疆坎儿井保护利用规划[Z].新疆:新疆水利水电科学研究院,2005.

[4] 黄志信.吐鲁番盆地的坎儿井[C]//夏训诚,宋郁东.干旱地区坎儿井灌溉国际学术讨论会文集.乌鲁木齐:新疆人民出版社,1993:54-60.

[5] 新疆水利学会.新疆坎儿井研究[C].//夏训诚,宋郁东.干旱地区坎儿井灌溉国际学术讨论会文集.乌鲁木齐:新疆人民出版社,1993:24-30.

[6] 新疆坎儿井研究会.新疆坎儿井[M].乌鲁木齐:新疆人民出版社,2006.

[7] 吐鲁番地区地方志编撰委员会.吐鲁番地区志[M].乌鲁木齐:新疆人民出版社,
2004:340.

[8] 新疆维吾尔自治区统计局.新疆统计年鉴[M].北京:中国统计出版社,2010:301-
304.

[9] 吐鲁番市志编撰委员会.吐鲁番市志[M].乌鲁木齐:新疆人民出版社,2002:129.

[10] 鄯善县地方志编撰委员会.鄯善县志[M].乌鲁木齐:新疆人民出版社,2001:
148.

[11] 托克逊县地方志编撰委员会.托克逊县志[M].乌鲁木齐:新疆人民出版社,
2005:179-180.

[12] 哈密市地方志编撰委员会.哈密市志[M].乌鲁木齐:新疆人民出版社,2007.

[13] 木垒县地方志编撰委员会.木垒哈萨克自治县志[M].乌鲁木齐:新疆人民出版
社,2003:467.

[14] CRESSEY G B. Qanats, Karez, and Foggaras[J]. Geographical Review, 1958, 48
(1):28.

[15] 石新民.新疆"走廊型"外贸转型的措施与对策[J].实事求是,2010(6):38-41.

[16] 丁伟志.吐鲁番卷[M].北京:中国百科全书出版社,1996:9.

第三章 新疆坎儿井工程的建造技艺

文化是通过人的活动来创造和体现的,因此文化的意义要在人的活动领域中获得理解。本章通过对现有文本资料、田野调查和访谈的整理,将按照掏挖顺序对坎儿井工程中的各个环节予以关注,去解读坎儿井的定向原理,在现有的条件下对暗渠中的定向方法进行较为系统的揭示,并对诸如木板定向这种即将失传的定向技巧予以记录再现,从而展示大师父、坎匠们的建造智慧,以及技术对环境的适应性和环境对技术的建构作用。

第一节

水源选择知识和掏挖技艺

掏挖坎儿井的重要前提条件是需有水源。寻找水源是一项对经验知识要求和技术难度都很高的活,一般由专门寻找水源的大师父来做。水源地储水量的多少对坎儿井的品质具有决定性作用,流量大就能开垦更多的荒地,供养更多的人口;流量小不仅供养的人口少,而且容易断流和干涸。因此,大师父选择技能的重要性尤为突出。目前,水源地的选择技术在世界各个有坎儿井的国家和地区都是一件难以说清的事情。日本东京大学小崛岩教授专门从事这项研究多年,曾先后考察过许多有坎儿井的国家,如伊朗、阿富汗,并多次到过中国的新疆考察,想从大师父那里寻找到一些有关选择水源的资料。他虽然付出了艰苦的努力,但没能有很好的收获。因为这些资料不仅在博物馆、图书馆或资料室中查不到,而且从对掏挖坎儿井的大师父的访谈中也很难捕捉到更多有用的信息[1]。这些能够选择水源的大师父,他们的技艺多半是意会知识和身心体验。伊德在他的《技术与生活世界》[2]中曾对这类体悟知识有过探讨,他把通过身体体会而得到的对自然的认识称为"微观知觉维度(microperceptual dimension)"[2],这时身体周围的空间被关涉而"具身(embodiment)"[2]。对于坎匠来说,这种关涉来源于两个方面,一方面是上代口耳相传的传承知识,另一方面是坎匠在长期的掏挖实践中、在身体与周遭世界的亲密接触中获得的体悟。大师父们在这种实践中会形成一种共同的微观知觉,因而他们可以在这个微观知觉的层面上部分地交流。而且他们在长期的实践中形成了可以在这个层面上交流的意会知识和知觉语言平台。

作者通过走访大师父,并在和他们的多次交流中了解到,他们多半与外界接触很少,识字不多或根本没有接受过正规教育。但他们所掌握的技艺知识可以在实践中很好地展现,他们之间可以从容地交流,却不能用我们能够理解的语言清晰地描述。这也从一个侧面反映了这种访谈和调查的难度。大师父们所掌握的有关选择水源地的技艺是前辈代代相传下来的知识和他们自己在长期生活实践中积淀的体验的结合，是这个家族的生活之本、生存之根。由于大师父的特殊能力和对邻里族群的贡献，他们在当地村民中享有很高威望。大师父的家族代代都是大师父，因此其技艺不会轻易外传。基于这样的情况，想从大师父那里得到有用信息的难度是可想而知的。日本的水利工程研究专家小崛岩从多年的田野调查总结出寻找水源的四个步骤：一是观察土壤的湿度；二是勘探；三是研究该地区的植被覆盖情况；四是研究土壤和土地的类别[1]。当然这些都不是大师父们所使用的语言，是小崛岩教授翻译大师父们的语言并通过自己的理解和归纳得出的总结。这个总结虽然看上去具有学术性和规范性，但远离实践。许多国家的相关研究人员按照小崛岩的方法和步骤进行测量和实践，基本上无果而终。研究人员按照大师父们所说的根据地面湿度、土壤颜色、植被种类等要素去寻找水源时，也没有得出确定的结论。用现代仪器和手段测得各方面指标都比较好的地方出水量并不大或者根本就没有水，而不带任何工具的大师父只需要用眼睛看看，用手摸一摸、拍一拍地面的土就能确定水源地。当你问他们原因时，善良羞涩的大师父们只是笑笑，然后摇摇头。他们不知道怎么回答这样的问题，也许是不愿意透露机密，可能更大的原因是不知道怎么表达。他们用我们能够理解的语言说不出看到水源地的感觉，土壤颜色是怎么透露水源地的信息的，什么样的植被与水源有关或与水源处的储水量有关。火焰山上的那些至今仍流淌的坎儿井的水源周围基本上没有植被，从被高温烧红的土中也很难检测土壤的湿度。那么，这些大师父们是怎样找到水源的呢？传承知识加身心体验构成大师父选择水源过程的语言系统，大师父们可以在这个系统内传递和交流信息，而系统之外的人不能，系统之间需要翻译。目前既能理解这些意会知识又能够用我们听懂的语言表达的人还没找到，因此，失传的危险随时存在。

掏挖是由有经验的坎匠来完成的，现在很多地方选择水源的工作也多半由坎匠们一并完成，坎匠既充当了寻找水源的大师父，又成为掏挖工程中的技艺奉献者。坎匠在当地也是"世袭"的，掏挖的技艺是由坎匠家族来完成的。坎匠技艺这种家族式的世代相传形式，既保证了传承的完整性，又保全了这个家族在当地居民中的地位和威望，同时也为这个家族传承给子孙后代一套生活方式提供了保障。掌握这项技艺的坎匠们虽然对这项技艺非常熟悉，但对于坎匠们来说这项工作仍然具有高危险性，有关地质情况的经验稍有欠缺和对周围空间状况的麻痹会使自己的生命受到威胁，因而坎匠的子孙们都非常努力地学习这项家传手艺。一般在七八岁时就会跟着父辈们到井下作业，到十八岁后才能单独承担掏挖任务。这种父带子的方式从很大程度上保证了坎儿井匠人在井下的安全作业，使前后代之间从掏挖经验、身体感受或身心体悟上都处在一个相对融通的状态。因此，包含掏挖技艺的传承知识及躲避危险、保障安全的体悟知识在这种状态下得到传承。尽管如此,坎匠们在掏挖过程中,由于地质情况复杂,没有完全把握地质的变化而塌方威胁生命的情况不断发生,所以现在坎匠后人们往往觉得这项工作十分危险而不愿从事。坎匠的后人很多出外经营商品贸易,收入远远超过当坎匠的收入。当坎匠不再是他们谋生唯一的、值得自豪的手段,没有必要冒生命危险守候这项技艺,致使目前拥有这项技艺的人越来越少。在采访老坎匠时,他们对目前断代的境况也痛心疾首,虽然现在已经开门授徒,但是愿学者寥寥无几。图3-1为坎儿井掏挖示意图。

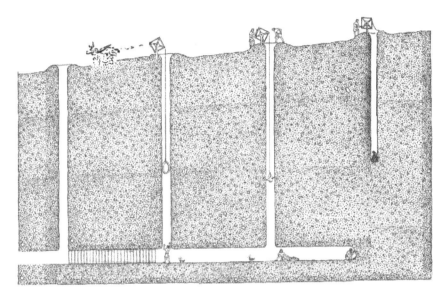

图3-1　坎儿井掏挖示意图

第二节
掏挖坎儿井所用的工具

　　掏挖坎儿井所用的工具比较简陋,有挖土的镢头、抱锤(包括刨尖),铲土用的坎土曼,运土的柳条筐,提升土用的辘轳,支撑暗渠内壁用的棚板、架、板闸,在地下暗渠作业时用来照明的油灯,用来在地下作业时确定方向的定向灯。如图3-2所示。

　　镢头,是一种挖土用具,一端为铁制,一端为木制,如图3-3所示。木制一端为柄,作为手的抓握部分;铁制一端有一个圆环扣与木制柄嵌在一起,紧紧相扣,另一端相当锋利。镢头形状如楔,前窄后宽,前薄后厚,后部大约有10 cm宽、4 cm厚。镢头的铁制部分长短不一,长的有1.5~1.6 m,短的有半米多长。使用时两手一前一后握住柄,前手向下用力,可将土块刨起或将硬土刨松。用时需小心,用力方向和腰弯程度不合适就会伤及脚面、脚踝或小腿。在暗渠的狭窄处使用时,有时不用木柄。镢头是挖掘坎

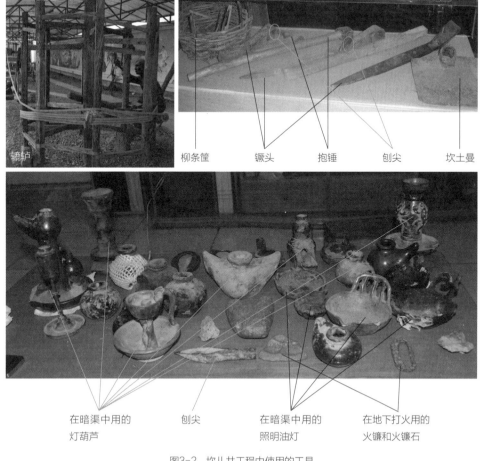

糖坊

柳条筐　　　镢头　　　抱锤　　　　刨尖　　　　坎土曼

在暗渠中用的　　　　刨尖　　　　在暗渠中用的　　　在地下打火用的
灯葫芦　　　　　　　　　　　　　照明油灯　　　　火镰和火镰石

图3-2　坎儿井工程中使用的工具

图3-3　镢头

儿井竖井和暗渠的主要工具。

　　抱锤,是另一类刨土工具,如图3-4所示,也是由铁制的头部和木制或铁制的柄部两部分组成,类似镢头。但抱锤的铁制部分又由两部分组成,一部分是中空的梯锥,另一部分叫尖子,钳在梯锥的中空部分。尖子长短不一,可以根据需要随时更换。因此,抱锤比镢头灵活。一般情况下,在暗渠中掏挖时,先用镢头把主要的部分粗挖,再用抱锤进一步精细修整,直到竖井的井壁光滑平直,暗渠的井壁和顶部平整美观。

　　坎土曼,又名"砍土镘",如图3-5所示,是一种铲土工具,由铁制的头部和木制的柄端两部分组成。可以用来挖土和铲土,木柄长100~120 cm,铁头呈盾形、长方形或S形。铁头部分大小不等,大的长约30 cm,宽约25 cm,重3~3.5 kg;小的长约25 cm,宽

Xinjiang Kanrjing
Chuantong
Jiyi Yanjiu
yu Chuancheng

第 三 章
新疆坎儿井
工 程 的
建造技艺

31

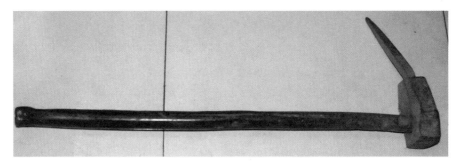

图3-4 抱锤

约20 cm,重2~2.5 kg。它的作用是把镢头和抱锤掏挖下来的土铲到柳条筐中,或对不太坚硬的土壤做修整式的掏挖。由于坎土曼的铲土部分面积大,所以铲土效率比较高。在暗渠中使用的坎土曼手柄较短,作业时比较灵活。

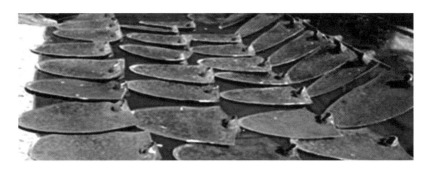

图3-5 坎土曼

柳条筐,由柳条编织而成,如图3-6所示,用来运送从暗渠中掏挖出的土料。由于其体积小、重量轻,在井下作业非常方便和省力,可以减少无用功。用坎土曼将开凿暗渠时掏松的土和沙石装到柳条筐中,再由一起合作的坎匠用手提或拖的方式,将盛满碎料的柳条筐运至竖井井口的正下方,将其挂到缠绕在辘轳中轴上并放入井下的绳子的倒钩上,然后由地面上的人力或畜力转动辘轳把土运上地面。运到地面的土或沙石就堆放在竖井井口的周围,用于阻挡风沙或洪水对坎儿井的破坏。

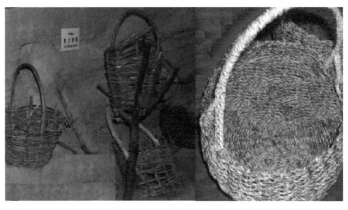

图3-6 柳条筐

辘轳,利用轮轴原理制成,安放在竖井井口之上,是用来提取井下的土料和运送坎匠上下的定滑轮,如图3-7所示。由于定滑轮(辘轳)可以改变力的方向,因此就可以把暗渠中的土料通过水平力的牵引,沿垂直方向拉出地面。据《物原》记载,"史佚始作辘轳"。史佚是周代初期的史官。这说明早在公元前1000多年之前中国已经在使用辘轳。到春秋时期,辘轳就已经相当普及。辘轳有脚也有头,核心部分是一块圆硬木,中有轴孔,中轴架于两边的支架或穿过支架,这部分叫辘轳头。核心圆木穿在轴上,上绕绳索,绳索的一端固定在圆木上,另一端系倒钩,用来挂柳条筐运送松土或拴脚环接送坎匠们上下。辘轳中轴的一端固定一摇柄,当运送较轻的重物上下时,人用手来摇动手柄提放物体。辘轳中轴的圆木上的凹槽用于绕绳索时增大圆木与绳索之间的摩擦力,防止绳索打滑。

图3-7　辘轳

手摇、机械或牲畜(驴、牛)牵引辘轳,看似简单的体力活,实则技巧性很高。2010年7月30日,在吐鲁番市亚尔乡的掏挖现场"队员海米提·米吉提在第一口竖井下作业。要收工了,他从井底往上升,到井口时,头撞到了井壁的一块石头上,人摔到了30层楼那么高的井底下,当即死亡"[3]。因此,转运辘轳载人上下时,如果控制不好拉绳的牛,绳子退或进得太快,坎匠就可能一下子跌倒在水里或者撞到两边的井壁或撞上井口的硬物,相当危险。在伊朗,坎匠们上下时一般不通过辘轳,而是靠身体和手脚紧靠竖井井壁攀岩来完成[4]。这样上下可以避免前面失控带来的危险,但对坎匠技能的要求很高。

油灯,是在暗渠作业时用来照明的工具,如图3-8所示。坎匠在挖土时,在暗渠的墙壁上挖一个小壁室,用来摆放油灯。早些时候的油灯很简陋,由粗铁、铜铸造而成,有的用树木的根茎挖成中空制成,也有的用陶土烧制而成,后来的油灯在外形上逐渐有了变化。现存的油灯中也有比较精致的,可能在油灯的演化中,其作用也发生了变化,不再仅仅起照明的作用,还添加了艺术欣赏和彰显身份地位、贫富程度的成分。由于当地的经费紧张,大部分油灯没有进行技术鉴定和年代鉴定,因此我们只能从形态上大致推断它们制造的先后顺序，认为粗糙的油灯应该早于精致的油灯。

图3-8　掏挖暗渠时使用的照明油灯

对于在地下作业的坎匠和助手们来说，油灯不仅仅起照明作用，还起到预测危险的作用。特别是在维修坎儿井时，要先把油灯点着由竖井井口放入井下的暗渠中，然后观察火焰的燃烧情况。如果油灯火焰燃烧很好，火焰很旺，说明井下有足够的氧气供人呼吸。如果油灯在井下立即熄灭或不能很好地燃烧，那说明井下氧气不足或瘴气过重，这时就要通过扇风的方式来置换井下的瘴气，直到油灯能很好地燃烧。在采访时，吐鲁番市恰特喀勒乡公相村78岁的老坎匠阿不都拉告诉我们，在井下掏挖时还要根据油灯的火焰状态判断是否有危险来临。如在掏挖暗渠的过程中，油灯的火焰突然持续向后倾斜，那么就要快速沿着火焰倾斜的方向跑到竖井井口正下方，沿井下系脚凳的绳端通过辘轳升到地面上来。如果来不及升到地面上，就要尽量向火焰倾斜的方向跑远，远离塌方位置，避免危险发生。因为一旦出现这种情况，有经验的坎匠就会知道前方马上会有塌方，并根据火焰倾斜的方向立即判断出可能塌方的方位并迅速做出反应来规避险情。

在油灯里还有一类用途特殊的油灯叫定向灯。其形状像油灯，只是在它的后面多出了一个箭头状的指针，用来在井下定位，确定暗渠的掏挖方向。作者从储怀贞那里得知，他于1995年先后两次在一位维吾尔族人的旧货摊位上购得两盏定向油灯，为典型的新疆红铜质，一盏保存完好，另一盏残缺(图3-9)。他拿着两盏油灯走访了许多乡镇的老坎匠，请教有关定向灯的来源，但无人知道这样的定向灯的用法。就连现在住在吐鲁番原种场的、非常有名望的80多岁的阿不都斯木也说从未见过这种定向灯。但他细心观察后，推测可能是近现代暗渠中使用的定向灯葫芦，但老坎匠也不知道如何使用该灯葫芦。储怀贞老人非常执着，又先后请教了当时还健在的新疆维吾尔自治区水利专家王鹤亭，王鹤亭认为该灯葫芦非常宝贵，应该是新疆坎儿井悠久历史的佐证。储怀贞老人非常高兴，为了得到确切的结果，他又到新疆水利厅科教处、文物管理局等单位问询，均没有得到满意的结果。2002年2月27日，老人家自己花

了2 000元托人把这两个定向灯葫芦带到北京,在北京大学加速器质谱(AMS)碳-14
测试室做了鉴定。鉴定结果为:黄铜质地,380±60年,应为明末清初康熙年代之物。在
一波三折下终于揭开这珍贵定向灯神秘面纱的一角。[1]

图3-9　残缺的定向灯葫芦和完整的定向灯葫芦

　　灯葫芦,如图3-10所示,比油灯结构稍复杂,也是在暗渠掏挖过程中使用的照明
工具。相对于油灯来说,灯葫芦上部相对封闭,一般有两孔(储怀贞收藏了一个四孔
灯葫芦,估计是为了美观而造的,或许是为了增加亮度,这个灯葫芦可以放三个灯芯,
或许也可作为定向灯来用),中间一孔用来添加灯油,呈三角状,因此称为"三角葫
芦"。灯葫芦的质料多半是由泥土烧制而成的粗陶或细陶,可以摆放在暗渠壁上的壁
室里,与油灯相比增加了放置的灵活性,也可以悬挂在一根棒子的一端,或者挂在事
先在暗渠的墙壁或顶上打好的楔子上。

图3-10　作者在考察和访谈中拍到的几种灯葫芦

---

[1]　2010年2月23日,访谈储怀贞老人,图3-8也于当日摄于储怀贞家,属他个人的收藏品。

水闸,古称"权"。在坎儿井的暗渠内,由于戈壁之下土质分布状况不均匀,当遇到土质松软之处就要边掏挖边支护衬砌,特别是水活的廊道更是如此。在20世纪70年代以前多采用桑木做的水闸,由于木制水闸长期位于潮湿的地下,很容易被腐蚀,后来得到逐步改进。到了20世纪70年代后期,一些地方开始使用炉灰或水泥喷浆,现在的方法更多样和安全,如暗渠顶部用矩形或椭圆形预制混凝土或浆砌石衬砌,底部用浆砌石衬砌。

边挖边加护

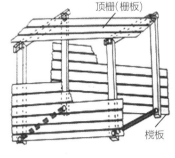

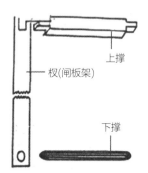

顶栅(栅板)

上撑

权(闸板架)

榄板

下撑

图3-11 衬砌和水闸示意图[5]

第三节
掏挖坎儿井所用的定向技术

在坎匠们所掌握的众多掏挖技术中,有一项是需要外人(坎匠以外的人)参与并在参与中学习和了解的非常关键的技术,这就是定向技术。在这项耗时几年的大工程中,定向是他们首先要解决而且也是最难解决的难题。当时没有现在的各种定向仪器,坎匠们在茫茫沙漠之上没有参照物、在黑暗的暗渠中没有指示灯的情况下,是如何实现定向的呢? 针对这个疑问,作者做了相关的文献调研和实地考察,无论是在史料还是在国内外现在的研究资料中均未发现与此相关的文献。1990年,在新疆召开的"干旱地区坎儿井灌溉国际学术讨论会"上,黄志信曾提及戈壁之上老坎匠对竖井井口地点和大小的选择方法[6],不过只是一笔带过。从已有资料来看,国内外研究坎儿井的学者对坎儿井定向技术还未给予足够的关注,本节尝试对这一关键技术问题进行有限的梳理。

在坎儿井工程中,定向技术的施工包括两个阶段,即地面上竖井井口定向和地下暗渠定向,以下就对这两个阶段的内容分别进行阐述。

一、地面上坎儿井竖井井口的定向

在与当地坎儿井匠人的多次交流中,作者逐渐了解到这样一个技术环节,即地面上竖井井口位置的选择是按照"水线"[①]的方向进行的。有经验的坎匠很会寻找水线。按照水线挖掘坎儿井的暗渠会对坎儿井的暗渠中水的流量进行单向控制,不仅可以减少流水的下渗,而且当农忙季节需水量大、仅靠坎儿井源头之水不能满足村民用水的需要时,就会在暗井中向地下打"自流井"[②]来补充水源,增加水量。这样既可以灵活地提高水量,又能起到保护坎儿井、延长坎儿井使用时间的作用。尽管竖井井口的选择沿水线方向进行,但在尽可能保证不远离水线的前提下,要使竖井井口局部保持在一条直线上,这样既可以节约人力、物力和财力,又可以缩短工期。当大师父选择好水源出水地以后,坎匠们就会在水源处先挖一个或几个试验井以确定水源的深度和富含水层的范围,从而确定暗渠的坡度和出水廊道的深度。最终选择一处竖井作为第一眼竖井的位置,向下开挖直到有充足的水流出,这时才可以把此处确定为水源地,而后才能开始整个坎儿井工程的设计和开挖,如果水源不充足就要另选地方。这第一眼竖井称作"母井(mother well)"[4]。当第一眼竖井挖好后,就以它为参照物来确定其余竖井的位置。在沿水线走向的局部长度上,竖井的排列是按照三点成一直线的原理定位的。暗渠的坡度则是为了保证水源流出的水经暗渠后能从龙口流出,实现居家用水和灌溉,因而暗渠坡度的确定是坎匠在选取掏挖路径时的另一项关键技术——不仅要寻找流水线,而且要考虑水源地与需水区之间的距离和高度差。当第一个竖井的位置确定后,竖井井口的大小则是由坎匠面向下游、臀部着地、两腿伸直,脚后跟所在的位置就是掏挖点,臀部到脚后跟之间的长度,就是竖井长一边的边长。这样确定的竖井的大小,基本上适合坎匠上下通过。竖井井口的大小根据坎匠腿的长短不同而不等,一般竖井井口长为 1~1.2 m,宽为 0.8 m 左右[6]。竖井一般呈长方形,长的两边和暗渠的路线平行,不能弯曲,因为这两条边用来校准暗渠的走向和确定下一个竖井的位置,作者尝试将其原理描述为图 3-12。

当竖井 1 这个平行四边形的井口大小确定后,就开始向下挖,沿暗渠方向的两边不仅要平等而且上下要保持垂直,这样一直向下挖,直到有足够的水流出为止。当第一口竖井挖好后,就以第一口竖井为标准,沿竖井两平行边的一边立标杆 A 和标杆 B,根据两点确定一条直线的原理,沿 AB 的直线方向在适当距离的位置确定标杆 C 和标杆 D,这样竖井 2 的一条边的位置就确定下来。再用同样的方法确定竖井 2 的另一条边,有经验的坎匠只标一次就够了。当确定 标杆 C 和标杆 D 时,有的坎匠直接用目测,有的则拉绳确定,方式不一。这样确定的竖井位置可保证在局部范围内竖井井口在一条直线上,减少由于竖井井口排列弯曲造成的劳动的浪费。然后由上游向下

---

① 地下水流向的一个地表表现。(作者注)
② 由于地下水由周围高山融化的雪水下渗流出,所以周围的水位要比暗渠的水位高,而坎儿井又是沿水线行走的,所以当向下打井到水线以下时,由于周围的水压作用,水就会从井中涌出而自流。在新疆常用"自流井"来补充坎儿井暗渠中的水量。(作者注)

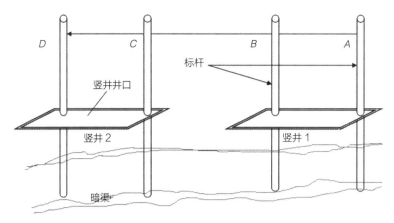

图 3-12　竖井井口定向排列的原理示意图

游开挖竖井,把所有的竖井都挖好,直到最后一个竖井井底即暗渠距地面的距离 1 m 左右时,开始挖蓄水池和明渠,使水渠通向庭院和农田。通常根据所垦荒地和居住地的地理位置确定龙口的位置,然后由明渠向上游第一口竖井开始挖暗渠,直到和"母井"挖通为止[7]。这些作业由于是在无水情况下进行的,所以称为"旱活"。为了节省工期,通常好几组同时开挖。一条长 3~5km 的坎儿井,工期一般短的需要 3~5 年的时间,长的需要 8~10 年[6]。挖到最后一眼竖井后,就与"水活"相接通,从最后一眼竖井向上挖廊道,直到有足够的水流出。"水活"的廊道有的有一条,有的有好几条。当单个廊道的水量不能满足需要时,就会挖多条廊道,以保证水源的充足,这种井称为单头井或多头井[4]。"水活"地段廊道的挖掘难度较大,如遇到疏松土层,要边挖边支护衬砌①。"水活"地段只有一个工作面,再加上距地表远,因而速度很慢。由于廊道挖掘是在水中作业的,所以工作条件恶劣,危险性很大,大多数事故出在"水活"地段。

二、掏挖地下暗渠时的定向

　　根据实地考察、走访和目前的资料,能够确定在坎儿井掏挖暗渠时的定向方法有三种。

1.棍棒定向

　　棍棒定向就是选四根笔直的棍棒,按照三点确定一条直线的数学原理并利用光学的方法。这种方法是到目前专家和学者都公认的一种在坎儿井暗渠中掏挖时的定向方法。新疆维吾尔自治区水利厅新疆坎儿井研究会秘书长吾甫尔·努尔丁·托仑布克在用维吾尔文写成的《新疆坎儿井研究》一书中也提到了这种方法[8]。在吐鲁番坎儿井博物馆亦有模型展示(如图 3-13 所示)。博物馆的讲解员把这种方法作为坎儿井暗渠掏挖的唯一方法向游客介绍。作者尝试用图 3-14 来说明其应用原理。选四根笔直的棍棒 A、B、C、D,将这四根棍棒分别沿竖井 1 的井口和竖井 2 的竖直边缘插入竖井 1

---

① 　新疆水利水电科学研究院,吐鲁番地区水利科学研究院,新疆坎儿井保护利用规划,2005 年 6 月 9 日。

图 3-13　博物馆中的棍棒定向示意

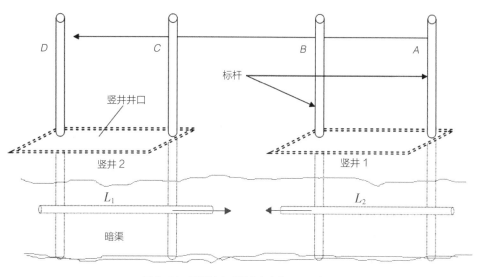

图 3-14　用棍棒在暗渠中定向的原理示意图

和竖井 2 内,保证棍棒竖直;在 A 棒和 D 棒之间拉一根绳子,这样可使 A、B、C、D 四根棍棒在一条直线上,此时固定 A、B、C、D,然后在暗渠部分的四根棍棒上距地面等高的位置,分别固定两根水平的木棒 L_1、L_2,这样沿 L_1 和 L_2 所指的方向相对掏挖,就可保证两边的掏挖暗渠在同一条直线上。这时 L_1 和 L_2 就在井下起到了定向的作用。四根棍棒也可由四根等长的悬线代替,如图 3-13 所示。

2. 油灯和灯葫芦定向

　　以上两种照明用的油灯和灯葫芦在博物馆的介绍中仅作为地下暗渠作业中的照明工具。作者在访谈托克逊县夏乡南村 70 岁的坎匠努尔·依提帕克时,老坎匠说他还记得有另外一种定向方法,就是在竖井底部放置一块木板和油灯的定向方法,但他已经记不得是如何用这套工具去定向的。后来我们又相继走访了多位坎匠,谁也说不清楚或根本不知道这种定向方法。作者根据现有的定向方法再加上实地考察时的思考,尝试对这种用木板、油灯定向的原理给出一种解读,如图3-15所示。在此情况下,油灯和灯葫芦不仅可以作为照明之用,而且还可用来帮助坎匠在漆黑的暗渠中做定向指示,到此又为油灯增加了一项新用途。

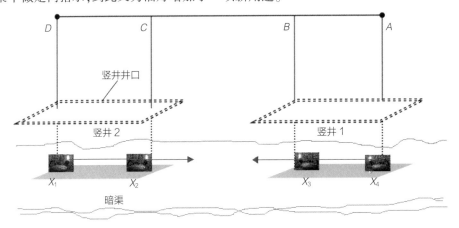

图3-15　暗渠掏挖过程中用油灯定向示意图

在两个竖井井口悬挂四根绳子A、B、C、D,并使绳A、B、C、D在同一条直线上,绳A、B在竖井1中,绳C、D在竖井2中;在绳A、B的另一端吊一块木板,在距地面等高处的绳C、D的另一端也吊一块木板,然后固定木板;沿绳D、C的方向分别放置两盏油灯X_1、X_2;同样沿绳A、B的方向分别放置两盏油灯X_3、X_4,那么沿X_1、X_2方向和沿X_4、X_3方向相向掏挖的暗渠就会在同一条直线上,这样就避免了掏挖过程中出现弯曲现象。其实坎匠在采用这种方法时,是从前方看两盏油灯的灯光,沿着两盏灯的灯光重合的方向掏挖,肯定相向掏挖的两方会在一条直线上。

3. 定向灯定向

经作者仔细推敲并总结多位老坎匠的经验,对定向灯葫芦的原理复原如图3-16所示。直线L_1是在两个相邻的竖井井口扯的一根绳子,L_2是暗渠的上边缘,L_3是定向油灯两个箭头指向的连线。绳子L_1的两端固定后,两个定向油灯就按照如图3-15所示的方法悬挂在绳子L_1的两端,那么悬挂定向油灯X_1和X_2的四根等长的绳子A、B、C、D就沿竖直方向被吊在一条直线上,这样定向油灯X_1和定向油灯X_2箭头所指的方向就在同一条直线上,这时L_3与L_1、L_2平行。这样即便是在地下作业,也能保证从两个竖井的两端向中间掏挖的过程中不偏离方向而正好接通。

我们通过对坎匠的访谈和实地调研,对坎匠们在坎儿井挖掘这个浩大的工程中所采用的定向技术积累了一定的资料,在此基础上对其定向原理进行了一定程度的推测和解读,并对即将流失的珍贵定向信息进行了及时的捕捉。实际上,在被赋予一层神秘色彩的坎儿井定向技术的背后使用的是光学原理、重力原理、数学原理。无论

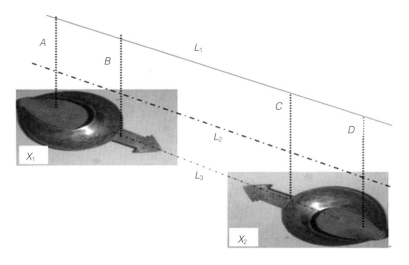

图3-16　定向灯葫芦在掏挖暗渠时的定向原理示意图

是戈壁之上井口的定向还是漆黑的地面之下暗渠的定向,首先都要拉一根绳子使得两个竖井中的四根木棒或四条绳子的一端保持在一条水平直线上,或直接利用光线沿直线传播原理使四根木棒保持在同一条垂直于水平面的直线上;四根木棒与地面垂直,因而也要与水平绳子或水平方向垂直,四根绳子下面悬挂重物,根据重力原理,这时力的方向也与水平绳子垂直;根据数学定理:在同一平面内,垂直于同一条直线的两条直线平行,那么这四根木棒或四根绳子就互相平行,因此在暗渠中与水平绳子或相同的水平位置等高的位置分别绑木棒或放油灯或放木板,那么暗渠中选取的这四个点就会在同一条直线上;所以这时用等高处的木棒指示或用油灯指示,是利用两点确定一条直线的数学原理和光的直线传播原理,使在暗渠中两竖井井底处开挖的路线在一条水平直线上,这样从两边挖掘恰好能在中间的某一个点接上,不会由于方向偏差造成弯曲而增加工作量。本文还对即将流失的木板油灯定向技术的原理进行了复原,使这种凝聚坎匠智慧的方法得以保存;对现存的流传于民间的各种定向技术进行了分类整理,从原理上对其进行了解读,从这个微小的视角再现了传统文明的冰山一角。

参考文献

[1]　小崛岩.坎儿井水系形成的综合研究[C]//夏训诚,宋郁东.干旱地区坎儿井灌溉国际学术讨论会文集.乌鲁木齐:新疆人民出版社,1993:7.

[2]　IHDE D. Technology and the Lifeworld: From Garden to Earth ［M］. Bloomington and Indianapolis: Indiana University Press, 1900:72.

[3]　钱毓,郭倩.坎儿井工程量赛长城 记者亲历吐鲁番坎儿井清淤.[EB/OL](2010-

03-17)[2010-12-07].http://www.ce.cn/culture/list02/03/news/201003/17/t201003 17_
21132202_3.shtml.2010.

[4] CRESSEY G B. Qanats, Karez, and Foggaras [J]. Geographical Review, 1958, 48
(1),29.

[5] 钟兴麒,储怀贞.吐鲁番坎儿井研究论文选辑[M].乌鲁木齐:新疆大学出版社,
1992.

[6] 黄志信.吐鲁番盆地的坎儿井[C]//夏训诚,宋郁东.干旱地区坎儿井灌溉国际学
术讨论会文集.乌鲁木齐:新疆人民出版社,1993:56.

[7] 王鹤亭.新疆坎儿井的研究[C]//钟兴麒,储怀贞.吐鲁番坎儿井研究论文选辑.乌
鲁木齐:新疆人民出版社,1986:7.

[8] 吾甫尔·努尔丁·托仑布克.新疆坎儿井研究(维吾尔文)[M].乌鲁木齐:新疆人民
出版社,2007:108.

第四章 坎儿井工程中的祭祀活动①

---

① 本章内容已被整理发表:翟源静.新疆坎儿井工程中的祭祀活动[J].云南师范大学学报(哲学社会科学版),2011,43(2):67-73.

祭祀是坎儿井技术文化中的仪式文化,也是坎儿井建造过程中有特殊意义的内容。在坎儿井工程建造的前、中、后期开展的各种形式的祭祀活动,展示了人们对自然的敬畏、对人神秩序和人人秩序的建构过程。

中国在久远的年代就有祭祀仪式,这种祭祀礼仪不仅是自上而下的,而且祭祀的种类随目的不同也呈现出多样性,祭品的内容也很有讲究。如《管子·轻重己》载:"以春日至始,数九十二日,谓之夏至,而麦熟。天子祀于太宗,其盛以麦。……以夏日至始,数九十二日,谓之秋至。秋至而禾熟,天子祀于太蕊,西出其国百三十八里而坛,服白而絻白,搢玉揔,带锡监,吹损篪之风,凿动金石之音。朝诸侯卿大夫列士,循于百姓,号曰祭月。……以秋日至始,数九十二日,天子北出九十二里而坛,服黑而絻黑,朝诸侯卿大夫列士,号曰发繇。……以冬日至始,数九十二日,谓之春至。天子东出其国九十二里而坛,朝诸侯卿大夫列士,循于百姓,号曰祭星。"《礼记·祭法》载:"王宫,祭日也;夜明,祭月也。"《史记·封禅书》载:"祭日以牛,祭月以羊彘特。"《史记·白起王翦列传》载:"死而非其罪,秦人怜之,乡邑皆祭祀焉。"汉王充《论衡·解除》载:"祭祀无鬼神,故通人不务焉。"《红楼梦》第九十四回:"除了祭祀喜庆,无事叫他不用到这里来。"艾芜《都江堰的神话故事》载:"李冰父子的庙宇,巍然建立在岷江岸边玉垒山上,享受人民的祭祀。"《礼记·祭法》云:"夫圣王之制祭祀也,法施于民则祀之,以死勤事则祀之,以劳定国则祀之,能御大菑则祀之,能捍大患则祀之。"

从祭祀对象来分,殷代对水的祭祀最多,祭祀最重的是河神,即黄河之神,有关卜辞不下500条。除了黄河之神以外,卜辞的河神还有洹水、漳水、淇水和渭水之神。周代官方祭祀的"四渎"包括长江、黄河、淮河、济水等河流。《史记·封禅书》记述了秦统一后宣称祭祀的河流分别有黄河、沔水、湫渊、长江、济水、灞水、浐水、长水、澇水、澧水、泾、渭、汧、洛等。在古人的想象中,河神的形象多与河中的人形动物有关系,其中最著名的是河伯。有的河伯称为水伯,其形象为八首八面、八足八尾,全身呈黄色;有的河伯面长,人首鱼身,称为河精;还有的河伯为人形。由于河伯成了黄河河神,故古人认为河伯是个大神,河中的龟、鳖、乌贼等都成了它的使者和小吏。近代汉族民间祭祀的河流包括人们居住的地区中各种大大小小的河流。在中国少数民族中,人们崇拜和祭祀的河流各不相同,如赫哲族对乌苏里江、松花江,蒙古族对鄂嫩河、额尔古纳河等河流都有不同的祭祀仪式,将这些大大小小的河流看作是河神或水神的化身。

可见,在古代人不能掌控水的多寡,且水不能按照人的需求供给时,人们就会采用祭祀的方法取悦那些能掌控水的河神、湖神、水神,使其来帮助人们。对生活在新疆的先民而言,对坎儿井的祭祀在他们的日常生活中占有非常重要的地位,祭祀仪式遍及坎儿井掏挖工程的各个环节，既有大型掏挖前的求祷仪式和出水时的牛羊祭祀，也有掏挖进行中和维修过程中的即时祭，如垒石祭、垒砖祭、垒土祭或彩绳祭等祭祀，不仅形式多样、种类繁多，而且融合了多种文化，承载了历史的记忆。

第一节
庙宇是神秘力量的载体

井王和水王的庙宇，作为神仙居住的宫殿，从某种意义上是一种精神的化身，是井神之为井神，水神之为水神的物质载体。大自然的神秘性被掌控聚集于神庙，凝结于神像。对这样的神秘力量的不同理解就形成了不同的派系的解读，对这种力量的解释也就形成了丰富的庙宇学说，展示了坎儿井文化整体中的"要素"[1]。也正是对存在于坎儿井之必然的、凝聚于庙宇作为宫殿之上的神性的阐释，使得这种祭祀文化在掏挖的源头上就具有了丰富性。如在选择水源和掏挖之前的水王庙和井王庙的祭祀就源于中国古代的道教文化，是中国正宗的本土宗教。我国古代先民认为万物有灵，进而产生了对自然的崇拜、对灵魂的崇拜，逐渐发展到天神合一。鬼神崇拜早在原始社会时期便已存在。先民将日月星辰、风雨雷电、山川河岳皆视为有神主宰，因而产生敬畏，乃至对其顶礼膜拜。先民崇拜神灵的方式之一就是举行祭祀活动，新疆坎儿井掏挖前的祭祀就属于由自然崇拜演化到神灵崇拜的庙宇记录形式。井神降临井王庙，水神降临水王庙，人与神在庙宇宫殿中交会，通过一种大型的祭祀达到人神对话。先民通过献祭取悦水神和井神，并在献祭之后向井神和水神提出自己的愿望，希望得到井神和水神的应允。在仪式中，祭祀的带领者通过不同于常人的特殊形式聆听来自井神或水神的声音，体悟井神和水神的旨意，然后把这旨意传达给祭众。

而祭祀活动离不开"礼乐文明"，这种源于周朝的礼乐文明就是秩序、礼教，也是源于中国本土的道德律条。在这里，作为庙宇的宫殿就成了井神、水神展示其神性的宇宙背景，数以千计的先民在一种神秘力量的引导下来这里参与祭祀，恭请井神和水神降临，用虔诚之心请求井神和水神的赐予，心甘情愿并心存感激地接受神秘之规训，接受神秘之秩序。庙宇之上的水王像和井王像是神灵精神的象征，是秩序的副本，修造庙宇即是为了使这一秩序得以建立和维持，同时也是对这一秩序的赞美。在祭祀之后，人们在这一规范允许的框架内交往和活动，循环往复，秩序井然。先民们先验地接受这一秩序，自然而神圣，并把遵守秩序视为理所当然的、不容置疑的。井神和水井是严肃和慈祥的并存体，是大能大德、全智全慧之神秘力量的承载者，它会赐予先民灵感让其找到水源，赐予先民技艺让其有能力掏挖井渠，并用神秘的力量使先民能够在这样一块神奇的土地上繁衍生息。同时井神和水神也以自己神圣而不可侵犯之威严惩罚那些不守秩序的先民,使水源干涸、暗渠坍塌等,赏罚分明,恩威并施,是宇宙间最公正的化身。先民得到井神和水神的恩赐后,会通过献祭和遵守祭文的要求而报答水神和井神。

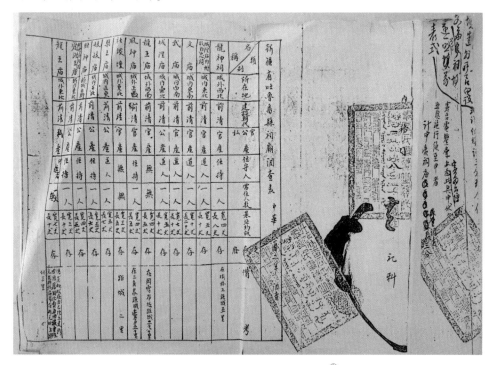

图4-1 吐鲁番县祠庙调查表(民国二年)[①]

图4-1是在吐鲁番史志办的退休研究员储怀贞手上保存的一张民国二年(公元1913年)吐鲁番县祠庙调查表,右第一列就是龙神祠,在城外西北榆林工(即现在的雅尔乡克孜勒吐尔村),此祠前清时就存在。表上面还记载有住守人和祠庙的规模。表上还记载有另外两个龙王庙,其中一个是私祠,建在何元坎上,何元坎是一个叫何元的人家的坎儿井(现在吐鲁番林业站处)。从这张表可以推知,当地对井神和水神的祭祀活动由来已久,而且祠庙众多,祠庙的工作人员齐全,祭祀形式相当完善,且这种祭祀井神和水神的活动至少持续到民国年间。从对当地老人的访谈中得知,整个祭祀活动所需的资金来自参与祭祀的祭众,他们根据个人或各个家庭经济的能力自愿凑份子加入到这场盛大的祭祀中来,每个人捐献的多少源于捐献者与神灵之间的协商,这时井神、水神与捐献者在他们之间的意向性结构中遭遇,神的威严与慈祥在意向结构的场域中引导着捐献者尽自己所能捐献自己的财与物,捐献者在内心深处也深信自己捐献所能捐献的财与物的诚实性会得到神的喜悦与爱护,同时也会受到神的庇佑而使自己生活幸福。当时祭民公认的判断标准是捐献者捐献财物的多少,捐献多者会得到祭民的尊重和认可,在这场祭祀中说话的分量重、地位高。一般来说,

---

① 2010年2月23日摄于储怀贞老人家,属储老师个人的收藏品。

出钱多的大多是那些掌权阶级或富贵阶层，因而他们在祭祀之后会享有更高的声望和更大的话语权。

祭祀的参与过程也把散落在各处的人们聚焦起来成为一个相互关联的整体。"庄严的祭祀仪式能使氏族部落成员感受到个人意志必须服从全体意志，个人与氏族部落整体利益密不可分，个人对氏族部落忠诚不仅是应尽的义务，而且是换取在本氏族部落中个人生活所需权利的保证。这种祭祀仪式能使先民社会成员自然明了原初的是非善恶、长幼尊卑等社会道德价值与伦理关系"。[2]

这种外在规范内化为人们自觉遵守的律则的过程也是一个个人有机体与外部环境相互作用的过程，这个内化过程来自三个方面的共同作用：第一，是个体的德行。身处边远地区远离尘嚣的新疆有着淳朴的民风。这种环境的熏陶下成长起来的人们内心深处就有一种善良的愿望，平时通过人与人之间的友爱去表达，因而本身就具备接受这种良性规训的根基。第二，这种道德规范虽然来自祭文，其实源自日常生活中人们的集体意向，在每个个人平时的意愿表达中零散地体现出来，通过先知或有能力、有威望的长者进行提炼而生。它本身就符合人们内心的那种道德准则，因而无论是接受还是内化都是一个顺理成章的过程。第三，是在祭祀仪式中那种庄严肃穆过程对人内心的导向性，这种导向性力量对个体心理施加影响进而成为对这种外在行为准则内在确认的进一步严格规训。个体在社会实践的过程中，在与自然"遭遇"接受自然"赠予"生命之水源的过程中，会不断地强化对这种行为准则的认同。这时准则就由外在的信条变成一种内在的需求，不再是对个体行为的约束而是对个体道德的自我完善，这种道德的完善过程对建立一个有秩序的社会具有至关重要的作用。

第二节
祭文——建构秩序的场所

作者从对当地老人的访谈中得知，祭祀的带领者或先知通过一种特殊的形式了解水神和井神的意愿，即是否允许在某处掏挖坎儿井。在先知与井神和水神之间的意向性结构中存在着太多的参数，这些参数由于隐蔽而神秘，由于神秘而具有威严性。在这种意向结构中，有先知的感悟、有神灵的启示、有人神之间的灵通交流方式或许多其他我们无法说清的要素。总之，通过这种意向结构，水神和井神把它们的意愿传达给先知，然后由先知传达给祭众。当得到井神和水神的应允进行井源地的选取和掏挖时，祭祀的带领者就会念一段祭文，祭文的大意是祈求井神和水神赐予水源，使人们在这片神佑的土地上能够繁衍生息，并向水神和井神保证自己得到井神和水神的恩泽后会常怀感恩心,会约束自己的行为,以达到对井神和水神的恩泽的报答和不违背井神和水神的愿望。在这个祭文里,规定了社会成员的权利与义务及日常的行为规范,祭文中的行为规范虽然具有外在性与强加性的性质,但能够通过仪式深入人心,内化为人自觉遵守的一种道德律条,使参加祭祀的人原有的优良品质如善良、友爱在内心深处以一种行为准则的形式固定下来。而祭文本身是人们在长期的生活实践中形成的社会现实关系的体现,也是社会稳定有序的内在要求。这种祭祀对整个社会成员具有普遍的教化和强制作用,起到规范人们的行为、建构生活秩序的作用。

祭文对每一个参与祭祀的人具有外在强势执行性和内在道德行为约束性,使他们在行动上时时提醒自己不能违背神的旨意,因而这种选择水源的方式或掏挖的整个过程具有神圣性和庄严性。这样掏挖前的祭祀仪式既是关于精神力量的断言,"也是一种修辞形式"[3]。通过这种仪式,在人们的精神世界就建立了确定的人神关系,生活在当地的先民得到了神灵的保佑和庇护,水神会赐给他们水源地,井神会保佑他们掏挖过程的平安和顺利。确定了这样一种关系后,他们的生活就有了保障,他们的精神世界就有了依靠。同时,人们通过献祭和遵守祭文的律条而取悦于井神和水神,使这种关系得以维持,人们便生活在幸福和安乐之中。

然而,祭文是一种"教化",是一种规训。唐代柳宗元《监祭使壁记》载:"圣人之于祭祀,非必神之也,盖亦附之教也。"这种规训通过这种神圣的形式植入人们的内心深处,成为人与神沟通的通道。其实,先民对祭文的接受来自人们从传统中继承的、自己在长期的生活实践中形成的良心准则。康德认为,良心是人们心中的道德法庭。祭文中的律条一定是符合人们日常心中善的行为准则,这种善被人们内心的"道德法庭"所认可。也只有当祭文与人们心中的道德准则形成共振时,人们才更容易接受祭文的规约,更容易相信祭文的律条来自神的旨意。这种植入人们心中的祭文律条和神一起进驻人的身体和灵魂,人们时刻以这种律条为准则并随时接受神的监督和检验。这时井神和水神被融入自然之中,自然被赋予了神性,与神同性同体,因此每当人们与大自然对望、与大地接触,内心就会涌现出一种神圣和庄严感,人们用自己特有的方式去理解自然、感悟神旨,并怀着美好的愿望与感恩的心态按照神的旨意行事并接受神灵赐福。当然这种祭文不可能是井神和水神用人的语言写出来供人观看的,它来自"先知"的口与笔。

古代先知多受掌权人的供养,他们在领悟神的启示、录下神的话语之时也在人们不容易觉察的地方加入掌权者的意志,建立符合掌权者利益的秩序,以便使掌权者以一种人们难以察觉的方式驾驭人们,甚至便于自己剥削的合理化、神圣化,把他们自己的意志变成祭祀的规训。这种仪式成为使规训得以持续的强化力量,不仅使他们对老百姓的驾驭成为顺理成章的事情,而且降低了他们的管理成本。在撰写祭文时,他们常采用的方法之一就是修改古人流传下来的天道人德,把天道人德写成祭文,如老子的道法自然、孔子的德行仁义等。"社会角色也是通过这种强有力的规训形式、身体习惯而人劝归化。"[4]我们可以从祭文的延伸形式——田契的制定和遵守中看到这种规训的不平等性、欺诈性和当时人在遵守这种契约时的反抗无意识和反思无意识。这些在麴氏高昌到唐西州时期的吐鲁番文书中就有反映,《高昌延昌二十四年(公元584年)道人智贾夏田券》中规定:"若渠破水滴,仰耕田了,若紫租百役,仰寺主了。"[5]154《唐贞观二十二年(公元648年)索善奴佃田契》是索善奴租种别人土地的契约。该契约规定,索善奴租种土地,除付给地主租价外,"田中租课,仰田主;若有渠破水滴,仰佃"[5]18。即租种的土地,其应缴纳的赋税由田主承担;水渠有损坏,则维修费用和劳工由佃农负责。朱雷在《敦煌吐鲁番文书论丛》中记载:在麴氏高昌立国到唐代之西州时期,但凡土地租种契约中,除规定佃户交租外,皆有一项规定有关用水浇灌的责任,即"渠破水滴,仰耕田人了"[6]。由于佃户取得所租耕地,就应保证该段土地之渠道的完整。若有损坏,因渠水流散造成损失,官家必然要责罚。

尽管在现代人看来这其中的不公正性非常明显,佃户种田租用佃主家的水渠灌田,不仅要交水费,而且浇灌中若渠有什么损坏还要佃户负责。根据当时的生产水平,若是真的遇到渠破,佃农只有倾家荡产。然而先民在遵守契约时从来不去想象这种契约(祭文变种)是被掌权阶层修饰过的,也从来没有思考过它是不是被注入一部分人的意志而作为统驭他们思想的工具。先民们就把祭文作为水神和井神的话语,"对应于道德的流变,帮助其成功地传播,使它成为一种在面对潜在的破坏力量时使社会秩序重新产生的有力工具"[7],因此祭文的律条就超越地球人的时空,逾越民族种族、宗教习俗和人的认识水平、文化模式和社会形态,具有恒久不易的绝对真理性。

先民们在尊重神灵和遵守律条时,因为有了这张契约而安逸祥和,心灵便有了依靠和寄托。

第三节

掏挖现场是神圣化庙宇空间的延伸

由于新疆的自然环境恶劣、地质情况复杂,因而在地质分布上就会出现各种各样的状况,使得掏挖的过程面临很大的不可预测性和难以确定性,各种灾害无预期地到来,如地下作业时坍塌现象会伴随着掏挖进程而随时发生,使掏挖工匠生命随时受到威胁。一旦灾难发生,掏挖工匠们就会检查自己的行为,认为是自己的言行触犯了祭祀的律条,惹怒了神灵,因而受到神灵的惩罚,于是就会举行忏悔祭祀仪式,向神灵忏悔自己的过错,并向神灵保证以后不会再犯诸如此类的错误,并祈求水神和井神保佑自己和同伴们进一步掏挖的安全。这种仪式一直持续到现在,每当他们掏挖之前和停工休息之前都要做简单的祈祷。但是他们祈祷时所求助的神谁也不太明确，除了水神和井神外，他们认为还有龙王。因为龙王也管理着水，如坍塌、挖不出水等，是和龙王相关联的。因此，几乎每个地方都有龙王庙存在。此外，他们认为除了井神、水神、龙王之外，还有其他神灵与坎儿井有联系。比如有人认为，在坎儿井挖掘过程中发生坍塌是惹怒山神之故。可见，坎儿井掏挖过程中的祭祀方式是多神性的。大多数时候人们往往只是认为有神灵，至于是哪一个神灵却比较模糊，如有人认为坎儿井废弃是因为神灵离开了，但说不清楚到底是哪一个神灵先离开的。实际上，在坎儿井地区居住的人心中，坎儿井神灵并不像前面分析的那样清晰和独立，在他们的潜意识中，坎儿井神灵很大程度上是一个综合性神灵，所以，平常对坎儿井神灵祭祀、祈祷时并没有一个特定的指向。只有在特殊的情况下，人们才会祭拜和取悦特定的神灵，如水流变小或断流，这时的祭拜才会指向特定的神，如井神、水神，再如修葺坍塌的坎儿井时拜祭山神，等等。随着伊斯兰教在新疆的传播并逐渐在少数民族居民中占主导地位，安拉(真主)在穆斯林心目中占了绝对位置。因此，坎儿井地区的穆斯林把坎儿井神灵汇聚于真主身上，但在特定情形下各神灵仍然保持一定的独立性。

坎儿井的掏挖现场及与坎儿井下掏挖相关联之地都是庙宇这种神圣化空间的延伸，是进一步强化和确定人神契约关系的场所。这样他们在对自己内心的反省中建立一种人神关系。这种关系在祭文中得到规约，并在这种人神之间的交往中、在进一步的忏悔和祈祷中，使得这种行动的规约得到进一步巩固和加强。在这里，我们看到了先民"地狱就在我们自己身上"[8]15 的信条，看到了先民对"世界"的谦虚。"在拼命破坏异彩纷呈的社会丰富多样性这种超越记忆的远古人类遗产最精华的部分，并且还拼命破坏不计其数的生命形态的当今世纪，我们不仅丧失了这种谦逊精神，而且连理解它的能力也正在消失。"列维斯特劳斯认为神话教导我们，"真正的人类应该放弃一切始于自身的观念，将生命置于人类之上，将世界置于生命之上，在爱自己之前先要对其他的存在表示尊重。"[8]15"'地狱就在我们自己身上'这句话大概寄托了另一层意思。正在制造地狱的就是不得不追究自己为何物的'文明'一方的'我们自己'。这种和我们同时代的声音，正和神话的声音叠加着清晰传来。"[8]16 当文明人用硕大的钻机对土地进行轰隆隆地钻挖时，当子弹射向珍稀动物时，当先民们辛苦种下的一排排大树被伐倒时，"生活在神话里的人们正不断地处在以近代文明的名言进行开发而形成的赤裸裸的暴力威胁之下"。"列维斯特劳斯在不断地探索在对人类和文化的破坏日益严重的现代的人类学使命。但是他的声音被世界历史进程的喧嚣所淹没。"[8]19 列维斯特劳斯认为，"假如人类得以拥有各种权利首先是因为他是一种生物的话，那么被作为一个物种的人类所认可的这些权利，当然受到其他物种权利的制约。故而，人类的各种权利一旦威胁到其他物种的存在，就会消亡"[8]21。

这种由于其他物种的存在而产生的对人类权利的限制，并不否认人类和其他动物一样,要把其他生物作为自己的食粮。但是,这种自然的必需,"只有在被牺牲的是个体的时候,才是正当的,决不能连这种个体所属的种都予以消灭"[8]21。"一个物种的灭绝,就是用我们自己的手在创造体系之中造成一个无法填补的空白。"[8]21

第四节
祭　品

在中国宗教的祭祀活动中,祭品是人与超自然的存在之间联系的重要媒介。祭品作为一种敬献给神灵的礼物,是宗教信仰者向神灵传递信息、表达思想情感和心理意愿的载体,是人与神进行交换并互相认同的重要途径。通过祭品这一象征性的符号,并以之作为桥梁,把世俗与神圣世界有机地连接起来——庙宇作为人与神遭遇的特殊场所,庙宇之外的坎儿井掏挖场地作为庙宇的延伸空间,生活空间作为神灵的神性覆盖之地,从而建立一种和睦共处、相互依赖的人神关系。在坎儿井的祭祀中,祭品多用牛和羊,这大概因为新疆处于高寒地区,人们日常多食用牛羊肉来祛寒和补充能量,因此牛羊肉是新疆人生活的必需品,也是生活在新疆的人们喜食的肉类。生活在新疆的人们常常把牛羊肉做成各种各样的食物,如手抓肉、烤全羊、烤全牛、羊肉串、馕坑肉等,色、香、味俱全,远近闻名。牛羊成了当地人普遍选择的祭品,也被当地人认为是最吸引神灵的礼物。当地人类比地认为神具有和人相同的食欲和爱好,因此人们将自己最喜爱的食品敬献给神灵,让神灵的食欲得到充分的满足,这样神灵才会喜悦并乐于助人。《诗经·小雅》中所说的"苾芬孝祀,神嗜饮食。卜尔百福,如几如式",也表达出这一含义。古人正是在这种人神类比、相互认同的思维导向作用下,使这种以当地人自己所喜爱的、比较贵重的食物做祭品的方式具有广泛的社会基础。

牛作为最重要的祭品也是继承了中国传统的祭祀遗风,古代的帝王将相凡是举行祭天、祭日、祭地、祭河、祭山、祭五方帝、祭宗庙等重要的宗教祭祀活动,都频繁地使用牛祭。殷墟卜辞中曾记载殷人用三头牛或九头牛作为牺牲以祭日。殷人祭河所用的祭品以牛为多,有时多到一次用50头牛为牺牲。一些古代北方少数民族如匈奴、鲜卑、夫馀、契丹、女真等民族的上层统治者用来祭祀天地神祇的现象就更为普遍,鲜卑拓跋氏祭天时常杀牛马祭祀;夫馀人有重要军事活动时要祭天,杀牛后观察牛蹄以占吉凶,牛蹄分开为凶,合起来为吉;契丹族凡是举兵,皇帝都要率文武臣僚,以青牛白马来祭告天地、日神;金代女真人凡征战、会盟等大事也要宰乌牛祭天。牛成了这些民族祭天地仪式中最重要的祭品。除了帝王将相外,普通百姓也将牛视为献给神灵享用的首要祭品。如《淮南子》载汉代"民常以牛祭神",《风俗通义·怪神》载"会稽俗多淫祀,好卜筮",反映出牛被当作重要的祭品。

羊是古代六牲之一，周代的"羊人"通常掌管祭祀用的羊牲，古代祭祀月神的重要祭品之一就是羊牲，与祭日用牛牲相对应。祭祀山神也多用羊牲，《山海经》中有多处记载祀山神时用羊作为牺牲的情景。在有的宗教活动中，羊还被用来祭祀社稷等神灵。《诗经·小雅·甫田》记载祭祀田祖时"与我牺羊，以社以方"，即人们用羊来祭祀社神和方位神。在汉族，羊曾是最早用来祭灶神的祭品。近现代的一些少数民族也以羊作为重要的祭品，并形成了某些特定的选牲标准，以羊牲的毛色、体质、数量、部位等来表示神灵的嗜欲或喜好。满族祭祖时要用雄羊一只，黑头白身，全白者最好。羊角大小要均匀，不能用耳、鼻、尾有破损的羊。鄂温克族举行"奥米那楞"祭会上的祭品分别有羊、牛、马等牲畜，其中羊是最主要的祭品，第一次举行祭会要7只羊，第二次需7~8只羊，第三次需7~9只羊，第四次需7~9只羊。裕固族祭"鄂博"时，必须用雄性白山羊或青山羊做祭牲"神羊"，此祭仪特别注重牺牲"神羊"的毛色，只能用青、白二色的公山羊，不能用杂色山羊。这与裕固族过去信仰摩尼教有关，该教以白、青象征善恶，认为世间明、暗两质无时不在，合于明、暗者为善、恶两性。

在新疆坎儿井的祭祀中，重大而隆重的祭祀首选牛，其次是羊。宰牛羊也很有讲究，特别是现在，是严格按照伊斯兰教教规进行的。首先要选择毛色比较清晰纯正，看起来光滑漂亮、身体健康强壮的牛或羊，让真主观之悦目察之倾心，然后要由当地清真寺中有威望的阿訇念"比斯敏拉"经。按教律的要求，宰牲畜的时候务必割断气管、食管、静脉管和动脉管，而且必须是一刀（一次）割断四管，否则所宰的牲畜不能用来作为祭品。另外，宰牲畜时必须使喉结靠近头部，否则牲畜肉不能作为祭品。有时在阿訇不能到场的场合不按照此方法宰的牲畜，只要诵读了尊（安拉）名也是合法的。诵读尊名一是因为人类是安拉委派在大地上的代治者，是代替安拉治理世界的，因此一切事务都要以安拉的名义进行。二是因为人类本不拥有任何牲畜的生杀予夺的权利，人类本没有结束某一动物性命的权利，之所以宰牲是因为奉了安拉的命令，因此要诵读安拉的尊名。三是因为有别于不奉安拉的尊名而以所崇拜的偶像之名宰牲的多神教徒的行为。诵读偶像、伟人、卧里、谢赫之名所宰的牲畜是非法的，尽管他们同时诵读了安拉的尊名，因为安拉禁止"诵读非安拉之名"宰牲。以物配主者言不由衷地诵读安拉尊名宰牲畜是非法的，因而他们的诵读是无效的。

由于当地自然环境恶劣，自然灾害频发再加上人们保存历史资料的意识淡薄，我们只能从蛛丝马迹中去捕捉先民的生活点滴。这种祭祀的形式距我们越来越远，我们只有通过访谈这里的老人，或从他们对他们的先辈的记忆中倾听来自远古时代先民的声音，体验先民对"世界"的感受方式，从他们的声音中听到关于"世界"的叙述，这是一个与现在"世界"完全不同的另一个"世界"。这种祭祀实际上"是他们接触世界时对世界表示敬意方式的教义"[8]14-15。我们只有走进他们的世界，才能理解他们的所思和所想，才能理解这种祭祀符号对他们生活的意义，对他们生命诠释的象征力量。当我们通过沉思走向他们的世界,那种鲜活性便会涌现,那种古老的符号所承载的历史便会向我们述说:自然(神)之大世界与个人精神生活和现实生活的小世界完全是一个不可分割的整体。个人的小世界是大世界对人敞开且已经激活的部分,而尚未激活的部分是有待敞开的整体,物质世界与精神世界是有机融合的。

参考文献

[1] SOKOLOWSKI R. Introducion to Phenomenology[M]. UK: Cambridge University Press,2000:22.

[2] 王元化.释中国:第4卷[M].上海:上海文艺出版社,1998:2383-2384.

[3] 克利福德·吉尔兹.尼加拉:十九世纪巴厘剧场国家[M].赵丙祥,译.上海:上海人民出版社,1999:121.

[4] BRAY F. Technology and Gender: Fabrics of Power in Late Imperial China[M]. Berkeley: University of California Press, 1997:2.

[5] 国家文物局古文研究室.吐鲁番出土文书:第5册[M].北京:文物出版社,1983.

[6] 朱雷.敦煌吐鲁番文书论丛[M].甘肃:甘肃人民出版社,2000:325.

[7] 刘兵.人类学对技术的研究与技术概念的拓展[J].河北学刊,2004,24(3):20-23.

[8] 渡边公三.列维斯特劳斯结构[M].周维宏,译.石家庄:河北教育出版社,2002.

第五章

民间艺术中的坎儿井

坎儿井文化存在于工程建造过程的各种知识和技能中，以技艺的形式表现；存在于与坎儿井掏挖相关的各种祭祀活动中，以仪式的形态表现；存在于与坎儿井相关的各种神话和传说中，以神话的形式呈现；它也存在于各种民间艺术中，以艺术的形式传播。本章就探讨以民居结构、岩画、歌舞形态存在的坎儿井文化。

第一节
民　居

民居不仅是居民休憩和生活的场所，也是丰富地域文化展示的空间，它的结构和装饰是一个地区民族文化的凝结。生活在这个特定空间的人们于生活过程中创造着自己的文化，并把这种文化融入房屋结构和布局的设计中，在建造过程中进一步深化其文化内涵。因此，民居是民族文化变迁的"铭写"，是富有表现力的文化文本。现在以吐鲁番的民居(参见图5-1)为例来探究新疆民居与坎儿井的关系。

图5-1　吐鲁番民居

吐鲁番地区高温干旱、降水量少、蒸发量大、风沙强劲、日照时间长、光辐射强度大，因此吐鲁番传统的半地下半地上的两层拱形民居成为适应这种自然条件的杰作。房屋的一层无窗或窗户很小，营造成了"内向封闭的空间"[1]，有效地阻止了高温的侵袭和阳光的强辐射。由于坎儿井的明渠或暗渠从庭院穿过，使得半地下的房间凉爽舒适，封闭的空间还可以抵挡风沙的入侵。而全地下的房间由于内外温差太大，再加上坎儿井水流经附近相对湿气较重，因而生活其中的人容易得关节炎等疾病。炎热过后，移居到二层，一层就可作为储存冬菜、瓜果的仓库，既可防冻又可保鲜。二层用木头檩椽铺芦苇建成屋顶，用干土做保护层，草泥抹面，外挂木制楼梯，保暖效果显著。整个房屋的墙体是干打垒①筑成或用土坯砌成的厚厚的土墙,热传导慢,隔热、冷效果好,可供炎热时居住乘凉,寒冷时聚温保暖。干打垒是新疆民居及其他建筑的一大特点,如苏公塔、交河古城、高昌古城现存的部分大多是干打垒式的建筑。拱形结构的屋顶可以有效地减少大风沙对建筑的破坏。吐鲁番8级以上大风年均31次以上,各主要风口在100次以上[2]。除拱形屋顶外,还有平顶,即用木料置顶,上面加厚的干土层,用草泥抹面。这种抗风沙隔热造荫的房子适应了当地风沙大、雨水少的自然特点。平顶之上作为晾制葡萄干、瓜干用的墙壁镂空的"荫房",并设有扶梯方便上下,这样既便于管理又节省空间。荫制葡萄干的凉房常常设在高处,以便利用外部空气的高温和内部良好的通风使葡萄干或各种瓜果内部富含的营养成分避免在强光照射下被破坏。

在并排的数间居室前,有些民居还筑有传统的"阿衣旺",即外廊(图5-2),有木梁,中间留有采光孔,用来创造有荫的空间。讲究的家庭还在外廊上雕梁画栋,饰以维吾尔族的传统花纹图案。

图5-2 . 吐鲁番民居中的"阿衣旺"

庭院内的干热空气,一方面靠庭院中流淌着的坎儿井水的蒸发吸热调节;另一方面靠院内种植的由坎水浇灌的葡萄藤、果树叶面在光合作用的过程中吸收太阳光并释放水分调节。夏季,遮天蔽日的葡萄长廊是一家人休憩、聊天、喝茶和娱乐的场所。每当有客人来访,主人就会用坎儿井水煮奶茶招待,再摆上从葡萄藤上刚摘下的新鲜葡萄和从果树上摘下的香甜水果,主人与客人喝茶话家常,浓浓的情谊便在这

---

① 干打垒:修建房屋或围墙时,先立两块木板,然后往里面填充泥土,夯实,然后再填土、夯实,如此反复。这种筑墙方法就是干打垒。也指用干打垒方法筑墙所盖成的房子。

幽静绿荫下荡漾。坎儿井还可用作给房间提供凉爽空气的"空调",居民通常用一条管道从坎儿井的暗渠通到半地下的一层房间,那种令人惬意的凉爽使人顿发"冰火两重天"的感慨。吐鲁番民居的内部结构和外部环境如图5-3所示。

图5-3 吐鲁番民居的内部结构和外部环境

　　房前架高棚葡萄架,夏季葡萄架上缠满葡萄藤,藤上挂满葡萄,炎热时坐在葡萄架下,不仅令人感到凉爽而且赏心悦目。这种民居结构设计中透射出的生存智慧对今人仍具有很好的借鉴作用。吐鲁番民居不仅是吐鲁番人的栖息之所,也是典型的民族文化符号,是区域识别的标志,其中包含了大量的生活娱乐、生存智慧、环境风俗、宗教文化和世界观等方面的信息。

第二节

岩　画

　　岩画是古代人类描绘和凿刻在山岩上的图画,是古代先民采用石制、金属制工具或使用矿物颜料,将原始的宗教信仰及生产、生活场景刻或绘在岩石上的。岩画具有粗犷、朴素的特征,是古代先民生产、生活状况的真实记录[3]。在新疆坎儿井漫长的历史过程中,很多阶段都有对坎儿井的多种形式的记载。大约在4 000年前,坎儿井以岩画的形式记录在巨大的山体岩石上被保存下来,这使得当时坎儿井的面貌得以跨越时空与今天的人类会面。现在,我们从记载有坎儿井的古岩画山体上,可以读出先民们以视觉形象的方式传递给我们的信息:他们傍坎儿井而居的快乐生活,与自然和谐相处的安逸,狩猎、觅食的方式,乐观、豁达的生活态度,以及他们的性别区分意识,等等。国际岩画委员会主席、意大利人埃马努尔·阿纳蒂曾说过:"岩画组成世界艺术的最早篇章。这些形象或符号是人类有文字之前,文化和智能的主要记录。它们揭示了史前人类的欲望和野心、恐惧和企求,以及经济生活、社会活动、宗教信仰、美学观念。"[4]我国历史上很早就有对岩画的记载,如《韩非子》卷十一载:"赵主父令施钩梯而缘播吾,刻疏人迹其上,广三尺,长五尺,而勒之曰:'主父常游于此。'"这里就描述了当时凿刻脚印岩画时的过程及其场面。《史记·周本纪》载:"姜嫄出野,见巨人迹,心忻然悦,欲践之,践之而身动,如孕者,约期而生子。"说周代始祖后稷,是由他母亲姜嫄踩了巨人的脚印后怀孕而生的。《水经注》卷三《河水三》对中国的岩画也有较详细的记载:"河水又东北迳浑怀障西……河水又东北历石崖山西。去北城五百里,山石之上,自然有文,尽若战马之状,粲然成著,类似图焉,故亦谓之画石山也。又北过朔方临戎县西。"它记载了宁夏原陶乐县的战马岩画图。《水经注·汉书注》曰:"阳山在河北,指此山也。东流迳石迹阜西,是阜,破石之文,悉有鹿马之迹,故纳斯称焉。"此处也指今内蒙古杭锦旗北的鹿马岩画。

17世纪20年代,挪威的牧师阿尔弗逊(P. Alfason)对瑞典布胡斯兰省(Bohuslan)的岩画进行了认真研究。法国西南出现的拉斯科洞窟岩画和康巴列斯洞窟线刻,是旧石器时代史前艺术的发现[5]。对古代西域岩画的记载最早出现在《水经注》卷二《河水二》中:"(于田)城南十五里有利刹寺,中有石靴,石上有足迹。彼俗言辟支佛迹。"另《北史·西域传》"于阗国"中也有类似记载:"(于田)城南五十里有赞摩寺,即昔罗汉比丘卢旃为其王造覆盆浮图之所,石上有辟支佛跣处,双迹犹存。"于田或于阗为现在新疆维吾尔自治区和田地区,也为现在已经发现的岩画比较集中的地区。吐鲁番托克逊县托格拉克布拉克和克尔碱岩画除了刻有大量猎人骑马狩猎的场景外,还刻有各种草原动物食草饮水以及奔跑的生动图案。内容多是反映远古社会先民的活动,如狩猎、放牧、舞蹈、战斗、宗教活动等,具有较鲜明的原始艺术的特征。这两处的岩画还描述了古代牧民生活方式、居住环境及渠道、坎儿井、湖泊和一些农田村庄,体现了古代先民的经济社会发展模式,对山泉的开发利用的智慧。

托克拉克布拉克岩画位于吐鲁番地区托克逊县西北58 km的科普加衣镇北2.5 km处的一条峡谷中,该峡谷东西两侧的岩石上断断续续都有岩画。从科普加衣镇向北20 km处就到托格拉克布拉克,维吾尔语"野梧桐泉",从山上坠落的岩石上有大量的岩画。在路旁一块高约10 m的巨石上凿刻有一幅如图5-4所示的岩画[5]。新疆大学历史系教授苏北海对岩画颇有研究,他认为这是一幅明渠图,"右边是一条较大的河流,左边十几个泉眼及每个泉眼中流出的几条小溪,最后都汇集至大渠中"。他认为"这幅图是描绘托克逊县白杨河以西的许多水流图,在泉流的下游还有两只大头羊在饮水"[5]。

图5-4 托克逊托克拉克布拉克岩画示意图(苏北海画)

这种从直观视角的角度对岩画进行解读的方法很好,可惜作者没能就这个结论做进一步论证或提供切实可信的证据,这种文学艺术色彩浓厚的解读还只能被定位在猜想阶段,距离岩画的真实内涵也许还有一定的距离。然而它并非没有意义,苏北海教授在新疆生活多年,了解新疆的环境状况以及当地人的生活状态,因而在不自觉中,在他的学说里表达出当地人对青山绿水、小桥流水、生态和谐生活的向往。

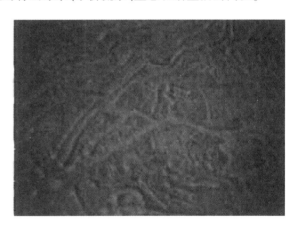

图5-5 托克逊托克拉克布拉克岩画示意图和实拍图[6]

图5-5是汤惠生把苏北海所画的示意图与实拍图进行的比较。汤惠生认为这些图与水无关,这两只正在喝水的羊是后来加上去的,但他通过一系列手段断定这幅岩画至少是新石器以前用研磨法制作的凹穴图案。先民用这种象征手法抒发他们的情感,传递他们的生活信息。"荣格说:'象征是一种隐蔽的,却是人所共知之物的外部特征。象征的意义在于:试图用类推法阐明仍隐藏于人所不知的领域以及正在形成的领域之中的现象。'"[6]图5-6为托克逊的克尔碱岩画示意图。

王炳华无论是于1990年在乌鲁木齐召开的"干旱地区坎儿井灌溉国际学术讨论

会"上还是于2004年发表在新疆师范大学学报上的论文中,均认为图5-6的克尔碱岩画是古代人对水的崇拜图,并非是现实生活中的世界,"它是在干旱缺水的环境中,人们为求泉水丰沛而进行巫术祈祝的记录。也是古代居民为生存、发展而斗争的说明"[7]。

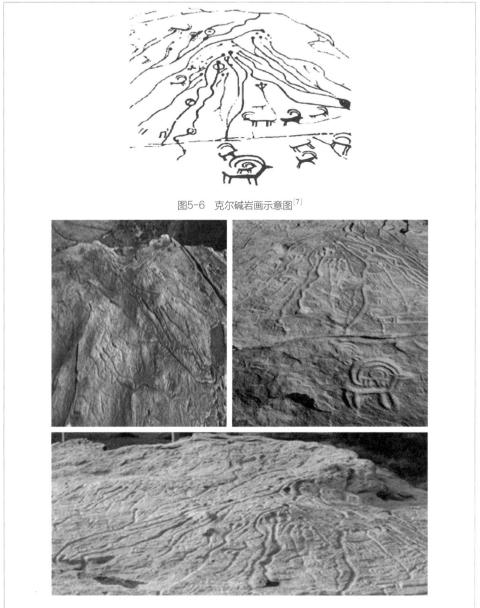

图5-6　克尔碱岩画示意图[7]

图5-7　克尔碱岩画不同角度的航拍图[8]

　　新疆维吾尔自治区的阿里木·尼亚孜于1990年在乌鲁木齐召开的"干旱地区坎儿井灌溉国际学术讨论会"上发表了"这两处岩画是坎儿井"之说,从此以这两处岩画(图5-4、图5-6)作为新疆坎儿井断代依据的观点不断出现。如阿里木·尼亚孜在《岩画——坎儿井考证起源的物证》[9]一文，吾甫尔·努尔丁·托仑布克在《神奇的新疆坎儿井——天下第一井》[10]一书中都表达了这种观点。另外，尼亚孜·克里木等其他一些学者也相继在文章中主张克尔碱岩画就是坎儿井的论断：

（1）岩画上有一组小圆坑，呈有规则排列，只有最后一个小圆坑有较粗、较深的水渠向下流走，这和现在的坎儿井极为相似。

（2）如果说这些小圆坑是泉眼，那么就应有水渠将冒出的泉水引走，为什么却只有最后一个小圆坑与水渠相连？

（3）如果认为这些小圆坑是井，那么这种观点更不能成立，因为泉水这么丰富的地方毫无打井的必要。

（4）从岩画上可看出，规则排列的小圆坑之间有浅槽相连，古人不可能用虚线表示坎儿井的地下暗渠，所以浅槽即代表坎儿井的地下暗渠[11]。

新疆水利厅专家阿里木·尼亚孜、尼亚孜·克里木、力提甫·托乎提都发表了论文，对这两处岩画进行了论述："在克尔碱岩画上有许多整齐排列的圆坑，并通过一些浅槽将圆坑连起来，末尾有向里掏挖的圆坑，比首端圆坑大，而且深，就形成有涝坝的明渠。很显然，这些圆坑就是坎儿井的竖井，浅槽就是暗渠，以此形象的圆形组成了完整的坎儿井体系。"[8]因此岩画的出现把学者们争论的焦点从追问新疆坎儿井的来源到对新疆坎儿井的断代上来，丰富了坎儿井研究的方向。

岩画是一种世界范围的现象，是文字发生之前人们所采用的表达方法和文化倾向[12]。新疆托克逊的克尔碱岩画和托格拉克布拉克岩画，同样作为一种普遍的无声语言表达形式具有通用理解性，它是任何来到这里的人都能够根据自己的文化背景进行解读的语言。然而岩画是地方性的，它是某一特定群体的杰作，同样也表达这一特定群体的思想。因而对这两处岩画出现不同的文化解读是正常的现象。当没有足够的证据证明一方的观点符合作画人的本意时，我们就只能保留其解释权，把这种解释作为众多解释中的一种。所以处在有坎儿井地区的人们很容易把它理解成坎儿井，因为这个地区没有这么丰富的泉源和泉水。当然我不能排除随时间的流逝而发生的地质结构的变化，不能否认在若干年以前这里曾水草丰美，然而这样的场景现代人既没有经历过也没有可供查找的资料，因而与猜测相比，他们更愿意相信他们经历过的事实。作者从相信和不相信两处岩画是坎儿井的学者们的论述中发现：如相信派阿里木·尼亚孜、尼亚孜·克里木、力提甫·托乎提等，他们大多从小生活在这块土地上，深刻理解坎儿井对当地的重要意义，因而他们可以说出许多理由推断这两处岩画的是坎儿井。而坚信这两处岩画是泉水的学者如王炳华、王鹤亭等，他们从小就生活在内地，王炳华生活在"据江海之会"江苏南通，境内水网密布，河道纵横，有着比较丰富的水资源。王鹤亭来自素有"青山绿水，人间仙境"之称的江苏江阴。他们当然会很自然地把岩画和他们的亲身经历联系起来，觉得画的像山泉而不像坎儿井。虽然他们的推论更具理性和合乎逻辑,但我们同样也应该把他们的理论看成是其中的一种。理论的权威性,不能代表结论的权威性,个人的权威性也不等于结论的真实性,有很多真相是用理论推不出来的,这样的例子比比皆是。也许我们可以从多样性的解读中找到这两处岩画中的同一性理解,但更大的可能性是找不到真相的。因此对这两处岩画要做更多的记录和研究,以为后来有能力的研究者提供尽可能多的信息。

这两处岩画不仅体现了新疆的前文字时期人类的抽象、综合和想象能力,也表现了他们当时的经济生活、社会活动、对水的崇拜等社会实践。以岩画的形式所体现的文化具有其他文化不可替代的特殊性,岩画不仅以直观和开放的形式记录了生活在这里的先民与水的不寻常关系,更丰富和深化了人们对这种不寻常关系的理解和认识。

第三节

吐鲁番木卡姆[①]

木卡姆(Maqam, Makam),维吾尔语的意思是大曲、乐章,它是流传在新疆民间的大型套曲,由170多首歌舞乐曲和70多首器乐间奏曲组成,是一部宏大的音乐史诗,从头至尾演奏一遍,需要20多小时。

新疆的木卡姆是新疆维吾尔族的一部诗歌总集。它不仅是歌、舞、乐的组合,更是社会、历史、宗教、文化、艺术、哲学的载体,其独到的艺术表现形式、审美情趣、思想感染力不仅表达了他们对生活的感悟,而且包容了新疆维吾尔族文化的精髓。据说在16世纪,叶尔羌汗国的王后阿曼尼莎非常热爱音乐,她组织当时著名的乐师将流散于民间各地的乐器和乐曲收集起来进行归类整理,并使之系统化,后来将其命名为"十二木卡姆"。这种文化形式在新疆各地迅速传播开来,并产生了几种版本的十二木卡姆。如和田一带的"和田木卡姆",阿瓦提地区的"刀郎木卡姆",哈密地区的"哈密木卡姆"和吐鲁番地区的"吐鲁番木卡姆"。1951—1954年,十二木卡姆的唯一演唱者,著名的木卡姆大师吐尔地阿訇的演唱得到了认真而全面的记谱和录音,他演唱的十二木卡姆共有245首乐曲和2 482行歌词。

1993年,在中央、自治区有关领导的亲切关怀下,吐鲁番地区鄯善县邀请和聘请区内外专家学者成立了吐鲁番木卡姆艺术整理研究组,投资近70万元,历时近4年的搜集、整理和研究,最终审定收录乐曲320首、歌词2 990行,这就是"吐鲁番木卡姆"

---

① 本节的所有图片均来自《吐鲁番木卡姆》第四部的音像资料截图。

(参见图5-8)。吐鲁番木卡姆艺术是在传统民歌、古典民间音乐和古典歌曲的基础上，经过历代民间乐师和诗人的不断创作、加工，不断吸收和融合其他民族的优秀音乐而日臻完善的。它集音乐、歌唱、舞蹈和文学为一体，曲调丰富，结构严谨，篇幅宏大，自成体系，是千百年积淀下来的文化精品和艺术绝唱，其具有庞大的规模和恢宏的气势，在中华民族文化中独树一帜。

图5-8　吐鲁番十二木卡姆

这部影响深远的优秀套曲的第四部《恰尔朵木》，就以丰富多彩的曲调和着叙诵歌曲、伴着优美的舞蹈形式，完整地描述了戈壁滩上坎儿井的掏挖过程。表演者通过舞台形式把当地的技术文化精华用木卡姆套曲的形式展现，由此把两类文化遗产勾连起来。一组以坎匠身份出现的舞蹈演员，在茫茫的戈壁滩上，挥动着坎儿井工程掏挖中的真实道具，在"吐鲁番十二木卡姆"的背景音乐下，以叙事体音乐、舞蹈等原生态民间艺术的形式再现了坎儿井的掏挖过程。

首先是几个和着舞曲的维吾尔族坎匠在黄沙弥漫的戈壁上用他们的知识和经验寻找着水源。在确定了水源地后，坎匠们把手叠在一起宣誓着决心。然后，在干裂的戈壁滩上，在强烈的日照下，在一阵阵袭来的沙尘中，他们用镢头开挖第一口作为标志的水源竖井(图5-9)。整个画面不断呈现的恶劣环境向人们诉说着坎匠们的顽强和乐观以及那种精诚团结的精神。

为了呈现坎儿井工程的宏大，舞蹈在编排上让五组坎匠同时开挖五眼竖井(图5-10)，气势宏伟壮观。这种真情实境的表现形式略去了诸多抽象的手法，可以更好地实现与观众的实景对话和交流，使观众能够很直观地了解新疆坎儿井工程的大背景，以及在这种大背景下坎匠们与自然相处的智慧和他们的勤劳与执着。

在舞蹈中，舞蹈演员用真实的辘轳演示了通过竖井运送坎匠们上下和把由暗渠中挖出的土运送到地面上的过程。他们小心翼翼地把坎匠送到井下，快速地摇动辘轳把盛满土的柳条筐拉出地面，并把柳条筐中的土堆放在竖井井口的周围(图5-11)。

图5-9　木卡姆舞蹈中坎儿井掏挖之始

图5-10　木卡姆舞蹈中多组同时进行坎儿井竖井掏挖

　　在表现暗渠中的掏挖作业时,最前面的坎匠挥起镢头掏挖着泥土,后面的坎匠用坎土曼、手将刨下来的土装到柳条筐中运到地面上。(图5-12)当他们用手和工具挖出水来的时候,挥汗如雨的坎匠们露出了会心的笑容,他们用手挖泉眼时的夸张动作表达了他们对美好生活的向往和看到希望后的内心喜悦,更呈现了他们积极乐观的精神品质,这时响起的欢快十二木卡姆乐曲和歌声将整个乐章推向高潮。

　　舞蹈也体现了这样的情形:在坎儿井掏挖的过程中,男女老幼齐上阵,年长者在地面上干些力所能及的活,或对在暗渠中作业的年轻坎匠进行指导,妇女们送饭送水及在暗渠中也干一些运土的活儿。

　　舞蹈结尾处表现的是坎儿井水浇灌出的瓜果甘甜、色泽诱人,人们在坎水浇灌出的绿荫下演奏起木卡姆,男女各站一边,拉手围圈,分班歌唱,此起彼伏,由快及慢,欢腾热烈。顿足为节,结队出场,伴随着鼓点,走圈起舞,鼓声、口哨声和吆喝声响成一片,舞蹈疾速狂热。在音乐伴奏下,舞者以优美的身体语言,庆祝丰收和展现幸福生

图5-11　木卡姆舞蹈中,人们利用辘轳运送坎匠和土

图5-12　暗渠中,坎匠们用镢头、坎土曼、手掏挖和运送泥土并挖出了泉水

活。乐章在欢快的舞蹈中结束,留给观众甘甜的回味。

　　"吐鲁番十二木卡姆"以一种流传于吐鲁番民间的舞蹈形式,跨越时空仍然完整地保留着坎儿井乐章,并通过原生态背景真实地再现坎匠掏挖坎儿井的过程。足见坎儿井从古至今对生活在这里的人们的特殊意义。他们以这种方式展现了热爱生活的坎匠、村民们与那片火红土地之间的血肉联系;展示了面对恶劣环境,长期生活在荒漠、戈壁、高山、森林中的坎匠们以无限丰富的情感,迸发出无穷的智慧,以及所编织的绚丽多彩的坎儿井文化。整个舞蹈以跨腿、耸肩、独特的蹲步动作为主,即兴、随

图5-13　木卡姆舞蹈中,妇女和老人也帮忙干活儿

图5-14　木卡姆舞蹈中庆祝坎水浇灌下的幸福生活

意,没有固定的形式,男女老少都可以参与,充满了浓厚的生活气息,有极强的表现形式。

通过呈现坎儿井工程建造过程的各种知识和技能、考察坎儿井掏挖的各种祭祀活动、追溯有关坎儿井的各种神话和传说,我们感受到了产生于其中的文化力量。这种文化以艺术的形式呈现出来,其中民居、岩画、歌舞等成为释放文化、展示内心情感的窗口。这些丰富的表现形式与其说是以艺术的形式抒发对坎儿井的热爱,不如说坎儿井本身就是人们身体和情感的组成部分。

参考文献

[1]　王亮,马铁丁.从新疆民居谈气候设计和生态建筑[J].西北建筑工程学院报, 1994(2):35-38.

[2]　刘耻非.坎儿井的来源及利用问题[C]//夏训诚,宋郁东.干旱地区坎儿井灌溉国

际学术讨论会文集.乌鲁木齐:新疆人民出版社,1993:41-48.

[3] 中国文物学会专家委员会.中国文物大辞典:上[M].北京:中央编译出版社,
2008:335.

[4] 周菁保.丝绸之路岩画艺术[M].乌鲁木齐:新疆人民出版社,1997:2.

[5] 苏北海.新疆岩画[M].乌鲁木齐:新疆美术摄影出版社,1994:380.

[6] 汤惠生.凹穴岩画的分期与断代[J].考古与文物,2004(6):259.

[7] 王炳华.新疆岩画的内容及其文化涵义[J].新疆师范大学学报(哲学社会科学版),2004,25(3):62-67.

[8] 克由木·霍加.柯尔加依岩画[J].夏克尔·赛伊德,译.文艺理论研究,1992(6):78-81.

[9] 阿里木·尼亚孜.岩画——坎儿井考证起源的物证[C]//夏训诚,宋郁东.干旱地区坎儿井灌溉国际学术讨论会文集.乌鲁木齐:新疆人民出版社,1993:61-62.

[10] 吾甫尔·努尔丁·托仑布克.神奇的新疆坎儿井——天下第一井[M].乌鲁木齐:新疆人民出版社,2001:42.

[11] 梁翙德.谈谈如何考证中国新疆坎儿井的起源[C]//夏训诚,宋郁东.干旱地区坎儿井灌溉国际学术讨论会文集.乌鲁木齐:新疆人民出版社,1993:64-65.

[12] 中国岩画研究中心.岩画[M].北京:中央民族大学出版社,1995:7.

第六章
新疆坎儿井
水文化

本章通过神话传说、神泉、节日习俗等文化呈现形式，阐释坎儿井水文化得以延续和升华的背景，呈现从这种文化中折射出的价值观和自然观以及从维系族群归属和终极工具意义上的文化认同根基。在新疆这块土地上凝聚着厚重的文化自觉，并在自己的文化框架下运转良好，继承着传统、保存着秩序，不能不说是一种幸事。这种文化模式因清淳而具有生命力，因简洁而成为"诗意的栖居"。

中国的水自古以来就和神话传说相伴而行，《山海经》就是保存中国古代神话资料的重要著作之一[1]。东汉大思想家王充也注意到了神话与水的共生关系，在他的《论衡·别通篇》中说道："禹主治水，益主记异物，海外山表，无远不至，以所闻见，作《山海经》。董仲舒睹重常之鸟，刘子政晓貳负之尸，皆见《山海经》，故立二事之说。使禹、益行地不远，不能作《山海经》；董、刘不读《山海经》，不能定二疑。"按王充的说法，大禹主持治水，益则主记各种灵异之物，以所见所闻，著成《山海经》。水在许多原始文献的记载中不仅与各种灵异相伴，而且在原始思维中有生命起源的象征意义[2]。《山海经·海外西经》载："女子国在巫咸北，两女子居，水周之。一曰居一曰门中。"男女交合为生命诞生的正常形式，然而在古代人的思维中，人的诞生有异于正常的方式，在这则记载里，女子与水交感成为孕育生命之始的关键。生命之源的水在古代的原始思维中也具有长生不死的神秘力量，如《山海经·海外南经》载："不死民在其东，其为人黑色，寿，不死。一曰在穿匈国东。"《山海经·海外西经》载："此诸夭之野，鸾鸟自歌，凤鸟自舞；凤皇卵，民食之；甘露，民饮之，所欲自从也。百兽相与群居，在四蛇北。其人两手操卵食之，两鸟居前导之。"在古巴比伦神话中，水是连接天地的"the Gate of Apsu"①，把水的功能扩大到宇宙生成之前的原始之水的意义[3]，把具体的水抽象化到海德格尔的"存在"和中古先贤老子所说的"道"的意义上来。可见，无论是东方还是西方，对水的演绎不仅具有神话模式的多姿多彩，也随着哲人们的追问而提升到越来越高的哲学层面。

坎儿井建成后，在当地人心中就是个具有神性和传说的地方，宏大的工程处处闪烁着神的光芒，那些传说就如同昨天发生在他们身边的事情。清澈的坎儿井水沁人心脾，净化人的灵魂，生活在有坎儿井世界的人们总是怀着恭敬和虔诚之心与坎儿井照面，每当有大事（如婚丧嫁娶）发生之时，人们总会来到坎儿井边祈愿，然后喝上一口清凉的坎水，浮躁之心就得以宁静，心灵得到慰藉。

---

① Apsu在苏美尔神话中的意思是"流着清冽湖水的地下湖"。

第一节

传说中价值观的构建

在新疆,围绕坎儿井有许多神话故事在演绎和诉说着它的神奇,使这个本来就与当地人的生活和命运关联在一起的宏伟工程透射出神秘的亮光。这里的神话与坎儿井文明一样久远,一起成长,也可以说它本身就是古老坎儿井文化的组成部分。作者走访了大量的乡村,收集了一部分民间传说,现整理如下:

(一)牧羊人与坎儿井的传说

关于坎儿井的来源,理论界通过各种已有材料进行着追溯工作,而在吐鲁番和哈密民间也有着众多有关坎儿井来源的传说。

古时候,在迪坎(新疆的一个地名,坐落在火焰山的南麓)的周围是一眼望不到边的大草原。人们在草原上以放牧牲畜为生。一天,有一个牧羊娃把畜群赶到草场上后,自己却睡着了。他的羊群吃着草渐渐远去,沿着库木塔格沙山走进了戈壁荒滩。牧羊娃醒来一看,羊群不见了。他踏着羊群的蹄印走进了一望无际的沙漠戈壁里。牧羊娃当时口渴难耐,于是试着用手里的木棍子朝潮湿的地上插了下去,拔出木棍一看,木棍的头上沾满了泥巴,而且过了一会儿,插过木棍的泥坑里就聚了半截水。聪明的牧羊娃就用苇管吸泥坑里聚集的水喝,他解了渴,还把一根苇子插在泥坑里做好标记才去找羊群,找到了羊群就把它们赶回家了。

晚上,牧羊娃就把发生的事情告诉了自己的父亲。第二天,父子二人找到了那个地方,并且用那个时代的石器挖起地来。他们越挖,水越往外涌,他们顺着水流方向挖了一条水渠,水渠越来越长,水也越涨越满,开始流到地面上来。渐渐地土层厚起来,挡住了去路,地面上的水渠挖不成了。他们又施展才智,开始在地下横着挖起洞来。洞越延长水流越旺。但是挖了一段后,横洞再也没办法延伸了。于是,他们又开动脑筋想出了一个主意,那就是从停止挖洞的地方朝上挖一眼井。横洞里的泥呀、土呀都通过这眼井提到上面去了,而且又使横洞继续延长了。就这样,足够牧人家用的水开始流到地面上来。从那时起,在迪坎一带首次出现了由一口口竖井连通的原始坎儿井。

后来,牧人一家将横洞和竖井越来越朝上面延长。延长得越多,水也就出来得越多。夜间为了不让水白白流掉,就在坎儿井暗渠的出口处修建了蓄水池,还沿坎儿井出水口和蓄水池的岸边植树建起了园子。

在迪坎一带原始坎儿井出现以后,周围其他各地也仿照着挖坎儿井,于是这项富有智谋的技艺就推广开了。在那个时代,人们把劳动干活说成是"坎儿",把用简单的劳动工具挖出的蓄水池、坎儿井出水口、地下横洞、竖井这些复杂的工程都称作"印子"。把"坎儿"和"印子"联结起来就叫作"坎儿印子"。随着时间的推移,当地居民方言土语的变化,这种将地下水引流到地面上的工程就被叫作"坎儿井"了。①

由此神话推测坎儿井的出现和放牧有关,新疆在历史上是一个以畜牧业为主的地区,成群的牛羊是人们生活的来源和依靠,因此,绿色的草原、汩汩的流水是牛羊们生存的必要保障。在没有稳定水源的远古时代,生活在这里的游牧民族赶着成群的牛羊随水草而迁徙,过着四处漂泊的生活。对于过着游牧式生活的先民来说,水就是生命,水就是生存,有水的地方就是家。在新疆的很多地区出现过由于水源干涸而造成文明消失的现象,历史上古楼兰和罗布泊文明,史前的安迪尔和尼雅文明等,许多人类创造的灿烂文化被埋没在茫茫的沙漠之中,深藏在地层之下守护着它那古老的传说。直到有了稳定的水源地,先民们才在新疆的块块绿洲上定居下来,繁衍生息并创造新的文明。先民们不仅勤劳而且聪慧,使水源所到之处绿草如茵、瓜果飘香。他们不仅学会利用已有的水资源,而且还学会拓展水源,把水引到适合他们定居之地。坎儿井就是生活在神话世界的先民引水定居的证据。该传说还表达了先民对坚韧、勇敢、无畏精神的赞美,他们把善与恶、美与丑的辩证法"用原始神话的讲述体现出来并施加于每个社会成员的心灵"[4]。

(二)火焰山的成因与坎儿井的来源

火焰山位于吐鲁番盆地的北缘,古书称之为"赤石山",维吾尔语称其"克孜勒塔格"(意为红山)。火焰山由红色砂岩构成,东起鄯善县兰干流沙河,西至吐鲁番桃儿沟,形成一条赤色巨龙,横卧于吐鲁番盆地中部。其东西长98 km,南北宽9 km,高度500 m左右,最高峰在鄯善县吐峪沟附近,海拔831.7 m。火焰山是天山东部博格达山坡前山带短小的褶皱,形成于喜马拉雅山运动期间。山脉的雏形形成于距今1.4亿年前,基本地貌格局形成于距今1.41亿年前,经历了漫长的地质岁月,跨越了侏罗纪、白垩纪和第三纪几个地质年代。火焰山是全国最热的地方,夏季最高气温达47.8 ℃,地表最高温度在70 ℃以上。由于地壳运动断裂与河水切割,山腹中尚留下许多沟谷,主要有葡萄沟、桃儿沟、木头沟、吐峪沟、连木沁沟、苏伯沟等。在这些沟谷中,绿荫蔽日,风景秀丽,流水潺潺,瓜果飘香。关于火焰山与坎儿井的成因流传着下面的传说:

火焰山(旧名"高昌山")曾经有过一只被称作龙的大怪物。这只怪物卧在那里,堵住了天山顶峰积雪融化流入吐鲁番的水源。这只怪物每一次喝水的时候,吐鲁番就会闹旱灾,庄稼、森林全部枯萎,使当地人陷入饥荒,牲畜处于毁灭之中。于是饥饿的动物全从这地方逃走。居住在这个地方的先民对水的渴望以及他们的悲怨哀号终于触动了真主(《古兰经》中至高无上的神),真主以无比的威力刮起狂风,带来石块泥土,将这只庞大的怪物埋在它所卧的地方。堆起来的这些石头泥土就形成了高昌山(现名"火焰山")。

自那以后,干涸的河床、水渠中又有了波浪翻滚的水冲击着块块碎石,拍打着两岸。这些水浇灌了庄稼地,浇灌了森林、果园,使它们重现绿色,也饮饱了牲畜和飞禽走兽。从此,人们开始在土地上播种小麦、玉米和棉花等农作物,安心地放牧起牲畜。人们逐渐富裕起来,常常沉浸在丰收的喜庆之中。

这样的生活日复一日、年复一年地过去了,但是突然有一天,河道、水渠中的水又断流了。长者们经过协商,派了一批人去查看。这些人却消失了。后来又派了一批健壮的勇士上山,他们发现山脚下有一只异常庞大的怪物躺在那里堵住了流往家乡的河水。原来,长年累月躺在山底下的那只怪物凿穿了山体,钻了出来,又像过去那样卧在那里挡住河水、狂饮河水。勇士们无法忍受自己的家乡被破坏毁灭,同怪物搏斗了几天几夜,也未能战胜他。他们筋疲力尽,好不容易才挣脱怪物的魔爪回到了家乡。家乡的长者、贤人知道了这一情况后再次协商,想到了一个好主意。那就是悄悄地挖井,不能让怪物有丝毫察觉,而且在地下将这些井一一贯通,将水引到家乡来。看吧,就是靠这个主意,家乡人民才把水引到了这里,使故乡重新繁荣起来。人们称这些水渠为"坎儿井"。①

远近闻名的火焰山在人们的心目中是一座充满神话色彩的奇山,吴承恩在《西游记》中更是把这座名山与孙悟空和铁扇公主的故事演绎得淋漓尽致,吸引了许多游人来此参观。火焰山更是当地人心中的圣山。在上述神话中,上天的神奇与这座当地人引以为豪的圣山装载着坎儿井的成因,人们将火焰山上的一条坎儿井称为"神泉"。当标志着上天神奇的火焰山与代表当地先民智慧的坎儿井合而为一时,便使这个神话因装满了当地的语境变得完整而鲜活起来。火焰山不仅成为连接人神的中介,也成了当地人智慧的标记,成为彰显当地人正义、勇敢、英武之精神气质的一座丰碑。神话里隐含了当地人的道德观念及善恶的评判标准,既有先民疾恶如仇的正义感,也有敢于与怪物做斗争的英雄气概,更有在强势面前表现出的智慧——这就是"坎儿井"。热得发红的火焰山就成了先民气质的一个注脚,这个神话与其说传递的是一个神秘世界操纵自然的信息,还不如说是当地人对神话中所潜藏的关于人生价值、道德理想的强烈期待。

---

① 2010年4月13日,采访鄯善县辟展乡乔克塘村78岁的吐尔洪老人和81岁的乌斯曼·热依汗及其他村民。

第二节
坎儿井是水神居住的场所

古代人认为每条坎儿井都有水神和井神居住,且在坎儿井边建有相应的水王庙和井王庙。历史延续到今天,这种神迹已隐居在远离喧嚣之地,凝缩在火焰山深处的神泉上。

在火焰山上的九沟之一木头沟有一条坎儿井,记载名为"胡加木布拉克坎儿井"。水源为黑水系,总长度300 m,竖井总数12眼,首部井深7 m,历史最大流量9.7×10^{-3} m³/s(1985年),现在流量2×10^{-3} m³/s(2003)[5]287。在火焰山的一个沟底处,水质清澈,虽然周围没有人居住,然而房舍和厕所一应俱全,这就是当地传说中的"神泉"。其他地方寸草不生,唯有此处绿树成荫,坎儿井水四季长流且从未干涸,这一事实更增添了神泉的神秘性,使当地人对神泉的神性坚信不疑。

我们一行三人(刘兵教授、储怀贞老人和我)走近这被称为"神泉"的地方,发现这里虽远离居民区,却一切秩序保持完好,水质清澈宜人,出水管旁还放有洗手用的水壶,供来这里的人洁污之用。来这里的人没有谁会在明渠中洗手或用别的方式污染水源(如图6-1所示)。在当地人的精神世界里,在他们的世界观里,水是神的化身,具有神秘的能力,如果触犯了神灵就会得到神灵的处罚。只有尊敬水神和井神,并按照水神和井神所喜欢的或乐意接受的方式去行事,才能得到水神和井神的赐福,从而祛病消灾,五谷丰登。

图6-1　火焰山深处的神泉

每到礼拜日,一些虔诚的维吾尔族人就会来到这里念经、祈祷、朝拜,用神泉水净手、洗脸,净化心灵,祈求吉祥安康。我们来到井边看到,虽然神泉附近没有住户,却有一包经书摆在干净的房子里。从房间的整洁度来看,应该有人经常光顾并打理。这里距最近的一个村子木头沟村有大约10 km的路程,再向前走就是火焰山的深处,荒无人烟。因此可以判断这里的房屋是供人们在龙口处祭祀、在房屋中念经或在井边许愿、祈祷用的。在神泉的其中一眼竖井上摆放了一个辘轳(图6-2),距这眼竖井2 m处有一棵沙棘树,树上布满彩色布条,这是当地人的风俗,每一段彩条就是一个愿望。再向上走可以看到许多摆放砖石的"敖包祭",这里已经成为附近的村民许愿、祈福、祭祀的场所。"敖包祭"这种形式来自蒙古族和达斡尔族的祭山仪式。在古代,猎人常常在途中拣些石头堆放在路口、大树下、山顶或他们认为险要的地方。只要有人开始堆放石块,后来者必然会照着做,他们认为有"敖包"的地方就有山神在,必敬之。后来在新疆靠坎儿井灌溉的地方,也有人沿用了这种形式来祭祀坎儿井水神和井神,每当有敖包垒起时,水神和井神就会在那里倾听祭众的祈祷并答应他们的合理请求。陪同我们来这里考察的储怀贞老人严肃地告诉我们,这就是传说中的"神泉"。西方心理学大师荣格认为,水不仅是宇宙万物的开始,也是人类生命的本源。当地人在长期与自然打交道的过程中形成了他们自己理解外部世界的宇宙观,并在这种宇宙观的指导下,形成了一套自给自足、循环良好、独具特色的秩序和实践活动。

图6-2 当地人对神泉的祭祀方式

坎儿井是他们精神的神殿,水使这个神殿具有神性的灵魂。所以,在新疆那些到现在还依赖坎儿井进行农业灌溉的地区会把坎儿井比作动脉,把坎儿井水比作血液。"水这个原型象征,其普遍性来自它的复合性特征;水既是洁净的媒介,又是生命的维持者,因而水既象征着纯净又象征着生命。"[6]这种看似简单的水和井被赋予了孕育生命、清除污垢、祛病消灾、赐予吉祥平安的非凡力量。

第三节
"清泉节"是坎儿井水文化的完整标本

新疆哈密地区的下马崖乡位于伊吾县城东西部,地理坐标为东经94°56′~96°23′,北纬42°51′~43°31′,东西长约95 km,南北宽约57 km,面积4 780 km²,位于距伊吾县40 km处,边境线长87 km,气候干旱,年蒸发量大[5]667。目前,下马崖乡只有248户784名居民,有水坎儿井18道,从泉眼和坎儿井流出的山泉,灌溉着全乡超过1.33 km²的农田[5]1110。

图6-3　伊吾县下马崖乡村民的"清泉节"

在日常生活中,习俗具有超强的渗透力。每一个仪式和它的细节,都包含着特定的信息。每年6月9日,都是下马崖乡最热闹的一天。这一天,当地群众自发组织起来,身着节日盛装,扶老携幼,浩浩荡荡,来到坎儿井的泉眼处,聚集在沟渠旁,手持铁锹、坎土曼等工具,清理泉边的淤泥碎石,开挖泉眼,疏通渠道,以保证泉水畅流;扩增水源泉眼,加大出水量。劳动结束后,大家不分彼此围坐在一起庆祝。这天所有村民都会把家里最好的食物拿出来,如牛羊肉、奶制品、馕、干果、新鲜水果、酒等。他们用清泉水煮牛羊肉、做手抓饭和各色美食,喝着用清泉水烧煮的奶茶,和着自家酿造的美酒,举杯欢庆,喜庆吉祥。当天,大人们还会用大家捐的东西给小孩们发礼物,场景热闹非凡,其乐融融。这一传统节日就是有名的"清泉节"(参见图6-3)。

"清泉节"在坎儿井地区是一个非常重要而特殊的节日,下马崖乡村民把它看得和"肉孜节""古尔邦节"一样重要,把干完活后在一起的聚餐称作吃"苏乃孜阿西"①。下马崖乡村民把在清泉节这天的苏乃孜阿西称作"团结饭"或"百家饭",取"团结、健康、长寿、清泉长流"之意。饭后他们打起鼓,奏响热捷克,在木卡姆的伴奏下跳起"麦西来甫",整个戈壁和田间升腾起歌声,弥漫着快乐,惹得坎儿井传来哗哗的笑声。

下马崖乡的"清泉节"是融节水、爱水、增水及木卡姆、麦西来甫歌舞为一体的地方性民间传统节日,已有300年左右的历史,是群众自发组织起来的整修水利、保障耕地用水的一种独有的方式。节日的主题:一是爱护坎儿井,它是人们生存的保障;二是珍惜水资源,树立节水意识;三是大家要团结友爱,亲如一家;四是要敬畏自然,祈祷水神和井神保佑当地村民丰收、幸福,让坎儿井水绵延不断,清泉长流。

目前的下马崖乡夜不闭户、路不拾遗,民风淳朴,创下了27年无刑事案件、2006年至今零发案的佳绩[7],营造了海德格尔的理想中的"诗意的栖居"。2007年,下马崖乡"清泉节"成功申遗,被列入《新疆非物质文化遗产保护名录》。

这种具有悠久历史的民俗因地域的相对封闭性塑造出了独特的文化品格。在全

---

① "苏乃孜阿西在"维吾尔语中的意思是"水节百家饭"。

民参与下以宗教的形式表达着对农牧、生产、生活的热爱和对大自然的尊重。本应辛劳的清泉过程被赋予节日的喜庆色彩,穿着节日盛装的男男女女在掏捞、聚餐、舞蹈的每个细节中都包含着特殊的蕴意,为坎儿井技术文化留下了珍贵的标本。

第（四）节
水敬畏观念下的生活秩序

在水敬畏传统文化的沐浴下,生活在新疆的许多民族于婚姻、饮食、居住、丧葬等诸多方面都设置了严格的禁忌,这成为水文化的一个重要组成部分。尤其是在有坎儿井的区域,这种规定十分严格。禁忌不但成为日常生活中有别于其他地域的一种人人必须遵守的特殊规范,且其本身也传达出丰富多彩的文化信息,其中保护环境的内涵也耐人寻味。在古代社会或上古时代,人类不可避免地要面对来自外在世界的各种挑战,特别是大自然的天灾与人为的战争。当生命受到自然灾害与人为战乱的威胁之际,神话就变成人们无力消解灾难时的重要力量。现代神话是古代神话的遗存片断,它在古代神话传递的历史长河中,逐渐融入了各个时代的需求和精神气质。新疆有关坎儿井水的神话是通过一定的信仰或习俗流传下来的。它不仅记录了当地人的水信仰和水崇拜,也是对古代坎儿井水文化的继承和现代民族精神的培育。

生活在这里的维吾尔族、哈萨克族、回族、汉族等多个民族非常珍惜水,视水如生命,进而把水神圣化并产生水崇拜等习俗。出生后的婴儿被抱到水边才预示孩子在这个地方落地生根了。人们生活起居都有特殊的水习俗,从来不用"过头水"(用过一遍的水),因而无论他们洗脸或洗手都不用静水而用动水。平时洗漱时,也会先把水放在水壶里撩起来变成活水后再用,所以他们更不会主动地污染水源。无论是洗菜还是洗衣均会把水舀到远离水源的地方洗。姑娘小伙谈恋爱,只有在坎儿井的水边送出定情腰刀才能得到水神的庇佑。无论举行哪种水节活动或祭祀仪式,都与乞求风调雨顺和幸福有关。他们的音乐、舞蹈、文学、艺术等,有很大一部分是以坎儿井或水为主题创作的。

新疆的维吾尔族现在一直保存着许多和水相关的俗规,"做梦水中游,幸福在后头""水滚七次会洁净""往水里吐是一种罪过""积水不能喝""在水渠、湖泊边洗衣服是一种罪过""往水中大小便是最大的罪过"[8],所以维吾尔族人驾车或赶牲畜过河时速度非常快,害怕牲畜过河时会大小便而污染水源。由于他们对水重视到崇拜的程度,因此在用水的许多方面都有严格的规定。比如,在维吾尔族老乡家做客吃饭,饭前饭后要洗手,且只限三下,洗后用毛巾擦干,不能乱甩,否则就是对主人的不敬;清真寺里水房是不允许参观的,这是禁忌。

在新疆的乌孜别克族婴儿出生后满40天时,要为婴儿举行"洗礼"仪式。这一天,婴儿父母要准备好一只大澡盆,里面放盐、葡萄干、水果等,再把孩子放入澡盆内,从亲友、邻居家请来一些小孩作陪。这些小朋友每人用木勺舀3勺水淋到婴儿头上,边淋边说些诸如"幸福""健康""吉祥"等祝福词,一共淋40勺。而后,婴儿的母亲给孩子洗个澡,"洗礼"仪式就算结束了。这时这个孩子才会得到族人的承认,成为这个家族的一员,并得到水神的庇佑。叶舒宪说:"创世神话中的水与生命意义的联系之所以产生也绝不是某一个作家偶然的幻想,它的根源深深地埋藏在史前人类的有限经验之中。原始人从观察中得知,鱼儿离开水就丧生,动物和人也必须时常饮水才能生存,就连草木离开了必要的水分也会干枯而死。于是,根据原始思维的推论,水就成了一切生命存在的条件,生命有赖于水,甚至是得之于水的。"[9]

透过神话和习俗,我们可以看到在这些神话和习俗中所蕴藏的当地人的秩序和道德观,这种秩序和道德共同建构了文化认同下的民族精神,它是当地人朴素的世界观、人生观和价值观,它同时也成为维系族群记忆、保持身份认同、凝聚民族情感、激发民族自信、推动民族整体发展的核心力量。

参考文献

[1] 袁珂.神话论文集[M].台北:汉京文化出版社,1987:24.

[2] ELIADE M. Patterns in Comparative Religion [M]. New York: Sheed and Ward Inc. 1958:190-191.

[3] ELIADE M. Images and Symbols: Studies in Religious Symbolism. Mairet, Philip (TRN)[M]. New Jersey: Princeton University Press, 1991:41.

[4] 谢选骏.神话与民族精神[M].济南:山东文艺出版社,1986:3.

[5] 新疆坎儿井研究会.新疆坎儿井[M].乌鲁木齐:新疆人民出版社,2006.

[6] 叶舒宪.神话:原型批评[M].西安:陕西师范大学出版社,1987:101.

[7] 罗晓丽.立足"三个样板"建设 让伊吾县下马崖声名远播[EB/OL].(2009-06-12) [2010-11-21]. http://www.tianshannet.com.cn/gov/content/2009-06/12/content_4292 209.htm.

[8] 依斯买提·卡斯木.维吾尔族传统习俗与生态环境[J].新疆大学学报(哲学·哲学社会科学版),2007,35(5):102-104.

[9] 叶舒宪.老子的文化解读:性与神话之研究[M].武汉:湖北人民出版社,1997:23.

第七章 现代化浪潮中的新疆坎儿井文化①

①　本章的内容已被整理发表在两处:(1)翟源静,刘兵.新疆坎儿井中的文化冲突及其消解[J].工程研究–跨学科视野中的工程,2010,2(1):55–61;(2)翟源静."地方性"视角下的证伪主义[A]//中国自然辩证法研究会,第二届中国科技哲学及交叉学科研究生论坛论文集(博士卷).北京:中国自然辩证法研究会,2008:229–232.

各种文化呈现形式向我们展示了坎儿井技术文化的丰富性和深刻性。坎儿井技术文化不仅承载历史、展望未来，具有很强的历史传承性，而且是人们理想的精神家园，演绎着物质和精神的纠葛。然而现代化浪潮在全球的扩散荡涤着地方性文化，消融着文化多样性。新疆坎儿井文化在这种浪潮的冲击下也面临着被肢解的危险。传统文化的迷失带来的一系列社会焦虑、环境危机和道德困境一再提醒人们去思考和面对、关注和重视。

第一节
现代化的强势冲击使坎儿井
丧失了原有的灌溉主体地位

一、坎儿井发展的沿革

新中国成立后，国家为了更好地支援新疆建设，采取了一系列措施，如对新疆移民和成立新疆生产建设兵团进行屯垦戍边等，使新疆大片戈壁变得绿树成荫、硕果累累，创造出一块块生机盎然的沙漠绿洲。20世纪50年代末，国家投入了大量的人力、物力和财力，派出了考察队对新疆的环境、地质、水利等各项情况进行了一次大的普查。并在考察结果的基础上提出了大力兴建水利基础设施的决议，这时坎儿井由村民自发挖掘变为由政府组织施工。这一发动主体的转变，使坎儿井的命运产生了转折性的变化。这种变化可以分为四个时期。第一时期（1957—1960年），坎儿井发展的鼎盛时期。这时国家号召开展大规模的水利建设，引水渠、机电井、坎儿井三项水利设施同时进行，这一时期坎儿井数量达到历史最高纪录。第二时期（20世纪60年代中期到20世纪70年代），随着上游防渗渠道工程和机电井建设力度的加大，地下水位快速下降，一部分坎儿井干涸，形成坎儿井、引水渠和机电井三足鼎立的局面。第三时期（20世纪70年代后期到20世纪末），坎儿井迅速衰退阶段。这一时期国家在改革开放、发展社会主义市场经济等政策的引导下，在新疆农业发展速度加快，开拓了大量的荒地，工业设施增加，如石油开采力度加强，无论是工业还是农业的用水需求都呈现迅猛增加的趋势。那些立见成效的机电井成为满足这种需求的首选，因此这一时期机电井数量猛增，造成水源供水不足，地下水位下降，坎儿井的干涸速度也在加快。第四时期（2000年至今），坎儿井保护和恢复阶段。随着世界申遗热潮的到来，特别是"伊朗坎儿井世界文化遗产"向联合国申遗事件的发生，从中央到地方对坎儿井关注度加大，于是国家和自治区政府先后投入多笔经费加强对坎儿井的保护、恢复和修复工作，并于2003年完成了全新疆坎儿井的调查，对每条可能查出的坎儿井进行登记造册、分类，制订计划对现在正在使用的坎儿井拨出专项维护使用经费。

二、坎儿井地位的变化

伴随着新疆坎儿井的历史沿革，其地位也在发生着相应的变化。从最初农业和生活生产对坎儿井的完全依赖型，演变到部分依赖型，再到完全脱离型。现在除一部分如伊吾县下马崖乡是完全依赖型外，大部分地区属于完全脱离型。许多以前有坎儿井的地区已经基本上不再使用坎儿井，如作者在和田、喀什考察时发现了大量已经干涸的坎儿井遗迹。还有一部分地区属于部分依赖型，这种类型在新疆比较突出的就是吐哈盆地即吐鲁番和哈密地区。在20世纪60年代中期之前，当地人对坎儿井的依赖程度高，因而坎儿井及坎儿井水是当地人非常重视的资源，那时的坎儿井水文化和坎儿井井文化以多种文化样态存在。敬重井、水犹如敬重神灵，因此当时对坎儿井的各种祭祀仪式也比较完善。从图4-1可以看出，当地有很多井王庙和水王庙，寺庙住持和工作人员也一应俱全，且分工明确。众多祭祀仪式成为当地人生活中的大事，这点也和中国的传统文化中的"国之大事在祀与戎"相承接，由此这类具有地方性特色的水文化也以丰富多彩的形式散发着独特的魅力，如在第五章所谈到的，不污染水源的各种习俗。当地人遵守这些规则就成为理所当然的事情，不遵守规则就会受到道德的谴责，继而也会受到井神或水神的惩罚。这与现在的好多现象形成鲜明对比，特别是现在许多年轻人已经没有洁水的意识。如作者在田野调查中经常看到许多牲畜在上游饮水，妇女在水边洗衣的现象。由此可以看出，坎儿井在许多地方的居民心中，神圣性已经隐退。

吐鲁番地区的坎儿井已从1957年的1 237条，到20世纪60年代时减少到1 161条，20世纪70年代减少到924条。有水坎儿井20世纪90年代减少到700余条，2003年减少到404条，2004年减少到355条，坎儿井的灌溉面积只占总灌溉面积的11%[1]。主导性地位丧失的40多年来，平均每三周就有一条坎儿井干涸。按照这个速度算，现有的坎儿井的存活寿命大约只有10年，也就是说，10年后在新疆能看到的坎儿井已经是凤毛麟角了，这项和长城、大运河相媲美的工程即将淡出人们的视野。

第二节

加速坎儿井退化的若干体制方面的原因

之所以会出现坎儿井大量干涸的现象，除了于20世纪60年代中后期政府层面不适地倡导大力兴建水利设施、"农村五好"建设、农业灌溉自流化、农业耕作机械化外，坎儿井管理中水源的所有权、机电井所在地的选择权、大师父知识产权、开荒的计划性等体制上的不协调也是加速坎儿井退化、促使坎儿井地位下降的重要原因。

一、坎儿井与坎儿井水源的所有权不统一，大师父的知识产权被侵占

历史上坎儿井所有者和水源所有者是统一的，新中国成立前坎儿井的所有者是地主或巴依，新中国成立初期坎儿井归集体所有，这时坎儿井的所有者由于同时对水源具有所有权，因此就可以按照自己的需要来调配水源，开发水源，不会出现两条或多条坎儿井共用一处水源的情况。自我国资源法规定"各种自然资源归国家所有"和《中华人民共和国水法》第三条规定："水资源属于国家所有，水资源的所有权由国务院代表国家行使。"即所有水源的所有权都归国家所有，无论是谁寻找到的水源都和找寻水源的个人或集体无关，个人或集体对由自己找到的水源或正在使用的坎儿井的水源不具有所有权和管理权。《新疆维吾尔自治区坎儿井保护条例》第六条对这一规定进一步具体化："坎儿井水源属于国家所有。坎儿井实行谁所有、谁管理，谁受益、谁保护的原则。集体经济组织所有的坎儿井，由集体经济组织负责管理；个人所有的坎儿井，由个人负责管理。"从这一系列法律法规条款来看，坎儿井和坎儿井水源分属不同的所有者，坎儿井的所有者是集体或个人，而坎儿井的水源所有者是国家。只有当所有权属于国家的水流入坎儿井的暗渠中、汇聚于涝坝里时，水才属于坎儿井所有者管理和支配，即当水源处的水流入坎儿井的暗渠中以后，水的所有权和井的所有权才保持一致。因此坎儿井的所有者有权也有义务依法管理归自己所有的坎儿井和流入坎儿井暗渠后的水，而无权管理坎儿井水源处的水。水源处的水归国家所有，由政府行使管理权。这样问题就出现了，在政府倡导增加机电井的数量时，政府有权对水源进行管理和再分配。也就是说政府可以依照《中华人民共和国水法》对坎儿井水源处的水施行管理权，如在坎儿井源头处打机电井或进行别的水源开采活动，而坎儿井的所有者对坎儿井水源处的水由于不具备所有权而无权阻止政府或其他人在自己的坎儿井的水源处开采水源。

不仅坎儿井拥有者不能保护该井的水源，致使水源的使用权被无声地剥夺，坎儿井被隐性地破坏，而且大师父的知识产权也被无偿占有。在前文中介绍过大师父在选取水源地时需要家族传承的特殊技艺，这些技艺和技巧应归属于大师父家族所有，由于他们不懂得申报知识产权，也许这类知识按照现在科学的标准无法申请知识产权，致使大师父使用他们自己的特殊技艺找到的水源地被共享，因而其技艺被无偿占用。正常情况下，打机电井就应该是机电井的所有者自己选择水源，并在自己选择的水源处打井，这样才是合理的。然而，由于新疆气候异常，干旱少雨，地质情况相当复杂，地质规律难以把握，现代科学技术的手段还不具备准确选择水源地的能力，因此仅靠机电井所有者掌握的技术或政府支持提供的技术手段很难准确找到水源，这样打机电井失败的概率就会很大。而每打一口机电井费用大约是30万元，如失

败,其成本将会大幅度增加,机电井所有者的利润空间就会缩小,成本回收周期就会延长。为了缩减成本,增加收益,机电井的所有者往往会在距坎儿井水源处很近的地方打井,这样就会提高打机电井的成功率。机电井所有者之间也会争相效仿,一旦第一个机电井取水成功,在附近就会出现多个机电井,结果大师父的劳动成果被无偿占用,对水源所拥有的知识产权被隐性地侵占。这样在《水法》保护下、国家水资源合理使用名目下、任何集体或个人无权干涉其他集体或个人对该处水源的使用的正当理由下,不仅坎儿井水源的使用权被剥夺,坎儿井被无情地破坏,凝聚坎匠们心血的坎儿井被摧毁,而且大师父的知识产权被无偿地占用。

二、同一水源处的水利设施分属不同的所有者

导致在同一水源处打出多个机电井的另一重要原因是这些水利设施的所有者也不相同。还以吐鲁番地区为例,吐鲁番地区水资源异常短缺,从20世纪60年代中期开始,国家加大对新疆水利设施的关注力度,对新疆水利建设的投入形式也不尽相同,不仅加大了河水和泉水的开发,同时开挖了9 000多眼机电井,而机电井的开挖多在坎儿井水源附近。到了20世纪90年代,政府通过法律将由政府投资兴建的机电井以及河水、泉水等实行统一管理,这些水利资源的所有权归国家所有,由政府行使管理权,而坎儿井仍旧由集体或个人所有。由此,新的问题又出现了:"不同主体,同一水源。"[2]属于国家所有的水利设施,其所有权与水源的所有权相统一,所以国家可以按照水利设施的需要来调整水源,如引水或截流等;而作为集体所有的坎儿井由于其所有权与水源的所有权不统一,所以无权保护自己所有的坎儿井水源,也没有权力调整水源使其更利于坎儿井水源的增加。而那些以盈利为目的的公司或个人通过获取政府许可无计划地抽水,或在坎儿井附近无节制地打井。只要有利可图,他们就可以让机电井24小时不停地运转抽水。如果还有利润空间,他们就会在同一水源处再打井。由此可以发现,由于这三类属于不同主体的水利设施使用的是同一水源,国家为了高效利用水资源率先打机电井,公司或个人为了利润经过政府的允许也竞相打机电井。同一时期,国家倡导以政府调节为辅、以市场调节为主,把原来归政府管理的水利设施几乎全部推向市场。以盈利为目的的个人、团体或私人公司对水资源进行了恶性开发,从而造成地下水位迅速下降,坎儿井以惊人的速度干涸。机电井则通过向更深处钻井来达到取水的目的,"从20世纪60年代的钻50~60 m,浅的地方钻30~40 m就能出水,现在则需要钻120~140 m"[2]。而坎儿井的暗渠和明渠不可能整体向下挖掘几米或几十米。由此,不仅坎儿井迅速干涸,而且地下水位也迅速下降,环境急剧恶化。

《新疆维吾尔自治区坎儿井保护条例》第二十五条规定:"坎儿井所有者应当依法向所在地的县(市)水行政主管部门登记办理取水许可手续,但不缴纳水资源费。集体经济组织成员使用本集体经济组织所有的坎儿井的水,不需要办理取水许可

证,不缴纳水资源费。"不仅是坎儿井取水不用缴纳水资源费,政府管理的机电井不用缴纳水资源费,以盈利为目的的公司和个人也不用缴纳水资源费。这条保护坎儿井的条例形同虚设,对坎儿井保护不但不能起到积极的作用,而且还会起到相反的效果。以前开发商对水资源免费还没有什么概念,也不会有意识地去争夺,现在意识到水资源属于国家且不收费,而水资源在新疆又是极为稀缺的资源,利益链就在其中呈现出来。这更加会驱动以盈利为目的的公司或个人加大水资源的开发力度。

三、无限制的拓荒使生态环境进一步恶化

以吐鲁番盆地为例,原来坎儿井健全时,水由暗渠输送,一年四季不受气候时令的限制,水在暗渠中有1/3的水量[3]下渗,补充了蒸发的地下水,保证了地下水位处在一个合理的高度,明渠和蓄水池水蒸发缓解了空气的干热,四季长流的坎水为野生动物提供饮用水源,也保护了各种植被,对当地的生态环境、气候调节都有重要意义。坎儿井本身也是一个独特的生态系统,它不仅是当地很多植被获取水分的主要途径,而且对动物的生存起着特殊的作用:坎儿井口周围的一排排土丘,有利于蜥蜴、沙鼠等穴居动物的栖息;不少鸟类利用坎儿井的内壁筑巢、繁殖或御寒;坎儿井的涝坝是鱼类、两栖类动物的特殊生存环境。同时,涝坝还具有调节坎儿井水量和改善局部生态环境的功能。坎儿井以其独特的构造和丰富的水资源孕育了当地的动植物,并引入了其他物种。

这样的和谐生活、田园画面被疯狂的开发者破坏。造成疯狂开发水资源的另一个重要原因是人口的增加致使开荒面积增大。这里所指的人口增加,不仅指新疆本地居民自然人口的增加,还指国家为了新疆发展,开展的几次移民政策带来的人口增加。这个移民群体来到新疆之后如发现新大陆,有大量的荒地可以不受限制地开发,这和他们以前在内地时每人平均几分地的情况完全不同,他们像淘金者发现了金矿一样,拓荒给他们带来了源源不断的利润,也带动了原本在新疆的居民。共同利益的驱使,再加上新疆对土地开发本就没有太严格的限制,致使大量的荒地被开拓出来。土地的增加伴随着对水的需求的增加,为水利设施开发商带来了广阔的利润空间,对水资源的恶性开发在所难免。大量的坎儿井干涸、水源枯竭的一个直接的后果就是地下水位下降,吐哈盆地以每年1 m的速度在下降,继之而来的是撂荒面积增加,绿洲生态环境恶化,风沙肆虐,生物多样性被破坏,生态平衡被打破,使许多以坎儿井为生的村落整体搬迁,出现"开不毛之土,而病有谷之田"(梅曾亮:《柏枧山房文集(卷十)·记棚民事》)的景象。

第三节

加速坎儿井退化的观念方面的原因

坎儿井这种传统文化很好地处理了人与自然的关系,实现了天人合一,人与自然间的良性互动,并逐步改善了当地人的生存环境,顺应了大自然的运行规律。因此,对于这种传统文化,我们不妨称之为顺天文化,意即顺天承人的文化;而与之对立进而带来冲突的另一种文化,则可称为制天文化。后者与现代科学技术对现代化的追求紧密相关,认为人是主体,大自然是客体,是人类可以支配和改造的,过去一度流行的"人定胜天"的观点,即是其极端表现形式。从五四运动开始,科学文化以正面、正确、普适的形象走进中国大地,也以其极强的触角伸向新疆这块原本是世外桃源之地。两种文化在这个特殊的空间相遇并互相冲撞,由此产生了三种文化诉求:第一种是要保留传统文化,拒绝现代化;第二种是混合型的,即容忍两种文化并存;第三种则是典型的现代化型。

就新疆的发展来说,在20世纪50年代以前,其文化诉求一般以第一种形态出现,当时虽然还没有如今这样鲜明的现代化意识,但当地对新生事物主要以一种排斥的态度来对抗,力图保持自己千百年来保留下来的传统。随着时间的推移,人口流动节奏的变快,各种现代化信息以一种不可抵挡之势向这个地区渗透。特别是对年轻的一代,强势文化不断地改变着形而上的理念,再加上各种宣传的力度的增强,使得这个地区的文化态度由对现代化强力排斥逐步转变为顺承接纳。相应地,在水利设施建设和使用方面的反映,则是出现了机电井与坎儿井并存的局面。后来的发展证明,现代化文化并不满足于与坎儿井文化平起平坐,以其强势的话语权荡涤着传统,使坎儿井条数迅速减少。两种文化的冲突,使博弈的天平由最初占优势的、传统的顺天文化向现代化的制天文化倾斜。

以吐鲁番地区为例,1958年开始修建引取天山河水的渠道,减少了地下水的补给;1970年又开始大量打机电井抽取地下水,使地下水位下降,不少坎儿井干涸。1959年,吐鲁番坎儿井条数为1 144条,1979年为720条,1983年为838条,1984年为700条[4]。这种变化改变了当地人原有的用水方式,进而也改变了以坎儿井为生存依托的当地的特色文化,改变了当地人的生产方式和生活模式:生活节奏加快,服装色彩变化,甚至导致居住的房屋结构、谈吐方式也都充满了现代的气息,似乎生活富裕了,水平提高了。当人们沉浸在幸福和喜悦之中的时候,自然再次向人们展示了它的自在性并宣泄着对人类忽视它的不满,气候异常、沙漠面积扩大、地下水位下降、环境恶化。地下水位下降、水源的干涸直接导致了大批坎儿井因无水而废弃的悲惨结果。

卫星遥感监测数据表明，吐鲁番地区迅猛扩大的荒漠化土地面积已占总面积的46.87%，非荒漠化面积仅占总面积的8.8%[5]。从"人进沙退"，到"沙进人退"，当地人陷入了深深的困惑之中，进而产生焦虑和心理恐惧。曾经由坎儿井顺天文化带来的安详生活，为现代化的制天文化带来的紧张气氛所取代。

对这种文化冲突及其后果的分析，有助于我们对两种文明的较量有更加清醒的认识。现代化浪潮之所以能打破这里原有的宁静，出现荡涤传统文明的结果，主要有以下两方面的原因：一方面，从文化层面来讲，是来自现代化思潮的冲击。信息流动的加快，使这个地区的人们受到太多虚假需求的诱惑，认为现代化可以解决一切人类现存的问题，现代化是优质的、高能的，可以给人们带来新的文明和更好、更时尚的生活方式。特别是接受了现代化洗礼的年轻一代看到了自己生活方式的"落后"，看到了自身传统的不足，他们用科学的标准丈量着自己的传统，于是看到了外界现代化生活方式的"美好"。再加上当时来自各种渠道的对现代化的畸形宣传，人们便失去了抵制这种冲击与诱惑的能力，使自身陷入对科学技术的深度"渴望"之中。另一方面，从物质性方面来讲，坎儿井顺天文明的败北，是由于当地人口增加，耕地面积增大与坎儿井供水能力不足之间存在矛盾。新技术就仿佛成了人们当时唯一可信赖的、可以解决矛盾冲突的、可以带领当地人像外界一样高速发展的、可以使当地人与外界缩小差距的唯一办法或出路。同时，第一口机电井出水效率向人们展示了：这种现代化技术可以解决长期以来困扰人们的新疆缺水问题，人们可以不为用水而辛苦劳作，人们可以随时随地得到"贵如油""重如金""惜如命"的"血液"。这种现代化方式带来的是对长期以来人们对水问题担忧，对美好未来的向往。伴随这种由抵触、半信任到信赖和渴望的心理变化而来的是对现代化技术的狂热追求，人们陷入一种对现代化的虚假需求与享受现代化的满足之中。机电井迅猛增加呈遍地开花之势，坎儿井条数迅速下降呈渐渐消亡之态，现代化使坎儿井失去了原有的"话语权"。坎儿井变为"落后"的代名词，机电井成为时尚的象征。仿佛顺天文化意味着软弱无能，而制天文化代表着强力和智慧。

在这种状态下，人们放弃了自己的批判意识，或者说在这种浪潮中人们已经没有了文化优劣的反思能力。1964年，美籍德裔哲学家、法兰克福学派的代表人物马尔库塞(Herbert Marcuse)在《单向度的人》[6]中，批判工具的合理性，批判工具崇拜模糊了手段和目的的区别。他提出：在发达的工业社会里，批判意识已消失殆尽，统治已成为全面的，个人已丧失了合理批判社会现实的能力。所谓"单向度的人"，就是指丧失这种能力的人。在这种技术理性的控制下，人们陷入一种虚假需求之中，并用一种虚假意识把自己束缚起来。现代技术用各种手段来满足人们的这种虚假需求，使人们感觉到一种虚假的满足，从而丧失批判和反思的能力[6]。

这种丧失反思后接受技术改造的结果使人成为随"巨机器"运转的零部件。坎儿井文化的命运,印证了马尔库塞的结论。对于机电井无节制的开发毫无批判能力,许多机电井打在坎儿井的源头附近,致使许多坎儿井断流废弃。随着需水量的增加,机电井越打越深,不仅使当地用水成本增高,而且导致地下水位下降,气候干燥,环境恶化。机电井的漫灌方式使得土壤盐碱化,不再适宜耕种,撂荒面积增大。这种恶果的产生正如卡逊(Rachel Carson)在1962年出版的《寂静的春天》一书中所指出的,其深层根源归结为人类对于自然的傲慢和无知,归结为我们现代化的生活方式。因此,她呼吁人们要重新端正对自然的态度,重新思考人类社会的发展道路问题[7]。

水源的枯竭带来的是人口的迁徙,这些逐水草而居的人们,他们不知道明天会是什么样子,这种不稳定性给当地人带来了"心灵危机",他们面对"恶果"变得恐惧和惊慌失措。早在1940年,德国哲学家和社会学家阿诺德·盖伦(Arnold Gehlen)在他出版的《技术时代的人类心灵》[8]一书中就揭示了这种技术的无节制发展给人类带来的心灵危机。他认为近代技术文明使技术的发展日新月异,摧毁了几千年来传统农业文明建立起来的一套稳定的制度和形成的丰富而稳定的心理习俗,而步入一个快节奏的、急剧变化着的社会。人类的精神、思想、伦理,都在工业社会这个未定型的社会中遭到了巨大的挑战,因此人类产生了各种心灵危机。

在2 000多年的历史长河中,坎儿井技术的微弱变化、运行方式的基本定格,在这个高速运转的现代车轮面前似乎只能留驻在历史的记忆之中,面对现代技术的冲击几乎没有抵抗能力。这里有"虚假需求"的诱惑,有对自己传统文明中的优良基因的忽视,缺乏对自己本有的处理人与自然关系的继承和保护,失去对自己珍贵文化的认同,于是和现代化一道把自己的优良传统扼杀于无形之中。

面对这种文明冲突的后果,我们有必要反思走过的路。在推行一项大的措施之前,是否应当考虑推行的力度、发展的速度、环境可承受的程度以及民族文化情感。在现代化已经进入的事实面前,如何寻找一条可持续发展的道路,成为亟待解决的理论和现实问题。

第四节

两种文化冲突恶果的消解

当我们从文化冲突的视角来看待坎儿井的兴衰与保护问题时, 就不能只把坎儿井看作是一项纯粹的物质技术,而应视其为有文化负载的技术物。要真正有效地保护这一既是物质同时也是文化的遗产,在进一步的保护设计中应该基于地方性,重视文化性,突出关联性,即该地方性文化的社会背景、历史发展、自然条件、风俗礼教等。

一、充分进行文化冲突状况的调研

在充分调研的基础上进行试点应该是一项决策成功的关键。新疆有新疆的区情，在别的地方能够应用得很好并取得成功的技术文化在新疆不一定能获得成功。因此，当一项新的水技术推广应用时，有必要对当地的各种环境要素、地理要素、地质要素、水资源分布情况及水资源走向进行一定时期的实地检测，取得充足的数据。并在数据的基础上推理得出合理的论证，而后进行试点，试点成功后才能进行推广。试点成功可能需要很长时间，因为环境做出反应变化，也许不是几天、几月甚至几年内就可以实现和完成的。其次是心理调适，并不是试点成功了就可以充分推广的，试点成功只是前提条件之一，还要对社会因素进行调查，接受当地人的问询，了解当地人对新事物的承受能力。坎儿井是一项传统技术，坎儿井的使用已融入当地人千百年来的生活习惯中，一旦发生改变，势必造成一部分人心理的波动。因此，即使新的水利技术是必需的、确证合理的，也有必要进行社会心理疏导，重视文化观念转变的说服工作，这是解决文化冲突问题的重要环节。如当地人对坎儿井神和水神的崇拜感和水在当地人心中深深扎根的那种神圣性和神秘性，就不是简单的行政命令能立即取消的，因而说服人们接受新的水技术并不是一件简单的事情。工作人员既要有相关的专业知识和工作能力，又要了解当地人的生活背景、心理习惯、宗教信仰及文化环境。社会问题带来的矛盾有时候要远远超过技术革新带来的喜悦。

二、统一水利设施的所有权和水源的所有权

在同一水源地建造多个不同的水利设施，而多个不同的水利设施又分属不同主体所有，由此而造成了水资源利用混乱、地下水位下降和水资源枯竭的问题，虽然是历史遗留问题，但这个问题的危害性至今仍然存在并有一直延续的趋势。因此，该问题必须要当下解决，"各种权力如果相互协调，就会相互强化。相反，如果发生冲突，就会出现两败俱伤的后果"[9]。通过分析，作者认为使权力主体达到协调的一个可以尝试的办法是，收回各种水利设施的所有权，使之归国家所有，授权地方集体管理，并赋予当地村落集体以水资源的使用权、管理权和支配权，使水利设施的所有权与水资源的所有权达到统一。这样不仅会弥补水资源的所有权与水利设施的所有权之间的裂痕，而且能使水资源的分配在实现统一管理后趋于合理。多种水利设施统一调配，协调运作，则会达到整体效益最优化。这就要对水源储水能力的大小进行检测。在保证水源良性供水的情况下，确定每天允许采水的最大量。这样就可以在保证坎儿井正常运行的情况下，在水源允许最大开采量的范围内，根据需水量的要求调节供水量，开动相应数量的机电井。在这种情况下，如果供水量仍然不能满足需求，可以请大师父在合理的地方再选择水源地。由于此时机电井的所有者是村集体或镇集体，大师父也属于集体的一员，他也是这种选择结果的直接受益人之一，因此这样利用大师父提供的技艺或技巧进行水源的选择不属于剥削问题。当采用这几项措施都不

能满足用水需求时,就要限制开荒,使水源所能提供的水量与土地使用需求的水量达到平衡。另外,新疆的水资源属极度稀缺资源,不适合把水源的开发和使用权推向市场,让市场自行调节。如果推向市场,所有权归以盈利为目的的公司或个人时,根据市场经济的"经济人"假设,只要有利可图,他们就会不停地让抽水机器运转。环境恶化、地下水位下降、钻井难度加大,对他们来讲只是经济要素缺乏,他们可到生产要素丰盈的地方重新生产,因此许多地方可以看到机电井被移走的痕迹。把一个地方的水源吸干了、环境破坏了之后,可以转移到另一个地方重新开采。这样环境破坏面积逐渐加大,破坏程度越来越严重,威胁人畜生存就在所难免了。

三、坚持本土的价值标准

新疆坎儿井是几千年传承下来的传统文明,它之所以能够传承是因为它能够很好地协调当地人与当地环境之间的关系,能够使得当地人在这种生活状态下获得生存的意义。这种知识是地方性的,因而与现代科学话语在某种程度上具有不可通约性,我们不能仅仅用现代科学的标准去对新疆坎儿井做价值判断,应该寻找适合自己的评价标准。以在坎儿井这种技术状态下人们的生活态度、民族情感、精神风貌作为衡量这种文明的依据,那么当地人在传统文明下无疑是幸福的。在这种传统文明下,人们用舞蹈庆祝丰收,用祭祀迎接水源,以坎水感恩上苍,用歌声交流情感,赶着羊群涌入绿草中,骑着骏马奔驰在戈壁上。这不就是海德格尔向往的"诗意的栖居"吗?人的生存意义应源于对人本征状态释放的追求,而不是来自金钱的理念与国内生产总值(GDP)的提高。现代化理念下,对经济效益的追求和对GDP的崇拜是对生活本征意义的误读,是对人类理想精神追求的扭曲,同时也形成了对传统文化的排挤。芒福德在《权力五角形》一书中就极力推崇"民主技术"时期的多种技术并存、文化气息多样性的生活方式。我们更没有理由用一个不恰当的标准对我们自己民族的鲜活生活做价值评判。

四、要给坎儿井顺天文化以足够的话语权

从坎儿井趋向消亡的现状中可以看出,人们一味地宣传现代化的好处,把所有的注意力都投向新技术,把坎儿井冷落在一边,没有人再去注意它的价值和意义。这种对其话语权的剥夺只留下一个结果,那就是让其价值和意义首先在人们大脑中消失,而后是实体坎儿井的快速消亡。因此,要留下足够的话语空间给坎儿井文化,让其有为自己辩护的机会和权利。不能让坎儿井"在自己的家乡失去意义"[10],应当找寻这种传统文明在处理人与自然关系中的优秀方式及其价值。我们当然不能倡导消灭现代化,也无法忽视现代化的存在,但我们不能失去自己的反思能力而成为现代化扼杀地方性知识的帮凶。应该让多元文化并存而互相借鉴,正如保罗·费耶阿本德(Paul Feyerabend)所倡导的坚持多元文化观、反对科学沙文主义[11],只要对解决问题有利就应该承认它的合理性而予以接纳。2001年,辛普森(Lorenzo C. Simpson)在《未

完成的筹划》一书中,坚持认为现在的技术统治与超越是一个失败的筹划,人处在一种被抛弃的状态,由于技术的意识形态控制,人失去了本有的话语权,它产生了一种将个人从他们的文化与传统脱离开来的幻觉与无根性,产生一种对自我与世界分离的错误的理解[12]。辛普森的目的是发展出一种技术的多元文化,用多元化的技术文化来拯救或弥补这种一元文化的缺失,削弱这种现代技术的统治地位,寻求与其抗衡的力量。这些哲学家的思想可以作为拯救坎儿井文化的理论依据。

五、重视地方性知识教育,延续文明传统

美国著名的文化人类学家吉尔兹(Clifford Geertz)在他的《地方性知识》[13]一书中将"地方性知识"视为一张意义之网加以研究,这不仅是对被边缘化的传统知识的重视,对其特定情境下多元知识的确认,也应该是对其地位合法性的认可。赋予地方性知识与现代化知识一样的地位,"对传统的一元化知识观和科学观具有潜在的解构和颠覆作用"[14]。"是对原来不属于知识主流的地方性知识予以重视,继而对地方性历史之合法性予以承认。唯此才可能以一种合理或者公正的态度去发现、研究地方性历史的多样性。"[15]重视传统文明研究的目的是为了延续文明传统。应把坎儿井的文明史、在本地的存在意义以及这种文明的独特性作为当地人应知应会的知识,作为一门必修的课程纳入中小学的教学大纲,使当地孩子从小就树立拥有这种文明传统的自豪感,了解这种文明在自己家乡的意义。

上述解决文化冲突的建议不仅适合新疆坎儿井,对其他拥有各种地方性知识的地区来说也具有借鉴意义。一个民族需要传统,一个传统需要传承,一个拥有这种传统的地区的人们更有责任和义务保护这种不仅属于本地区、本民族,也应该属于全人类的优秀传统,为人类的健康发展留下可以燎原的星星之火。留住先民的生存智慧,将其贮存于人类发展方式的宝库,可以提升人类的生存能力,对大脑中偏执发展的狂热降温,使人们以一种更加宽容的心态看待现代文明和传统文明,让多元文化并存、共鸣且互相补充。也只有这样,我们人类的持续和谐发展才会有可靠的保障。

参考文献

[1] 张勇,陈明勇.坎儿井,能否走出生存困惑[N].中国水利报,2005-04-05(04).

[2] 龚战梅.对保护坎儿井的法律人类学思考[J].思想战线,2009,35(5):131-132.

[3] CRESSEY G B. Qanats, Karez, and Foggaras [J]. Geographical Review, 1958, 48(1):27-44.

[4] 蔡蕃,蒋超.论新疆坎儿井的发展与中原的关系[C]//夏训诚,宋郁东.干旱地区坎儿井灌溉国际学术讨论会文集.乌鲁木齐:新疆人民出版社,1993:18-23.

[5] 李新颜,白剑锋."坎儿井"能否清泉长流[N].人民日报,2000-08-15(5).

[6]　马尔库塞.单向度的人[M].张峰,译.重庆:重庆出版社,1988:124-125.

[7]　卡逊.寂静的春天[M].吕瑞兰,李长生,译.上海:上海译文出版社,2007:183.

[8]　阿诺德·盖伦.技术时代的人类心灵[M].何兆武,何冰,译.上海:上海科技教育出版社.2008.

[9]　约瑟夫·劳斯.知识与权力[M].盛晓明,译.北京:北京大学出版社,2004:77.

[10]　田松.有限地球时代的怀疑论:未来的世界是垃圾做的吗? [M].北京:科学出版社,2007:7.

[11]　保罗·费耶阿本德.反对方法:无政府主义知识论纲要[M].周昌忠,译.上海:上海译文出版社,2007:1.

[12]　SIMPSON L C. The Unfinished Project: Toward a Postmetaphysical Humanism [M]. New York and London: Routledge, 2001:37.

[13]　克利福德·吉尔兹.地方性知识——阐释人类学论文集[C].王海龙,译.北京:中央编译出版社,2000.

[14]　叶舒宪.地方性知识[J].读书,2001(5):121-125.

[15]　刘兵,卢卫红.科学史研究中的"地方性知识"与文化相对主义[J].科学研究,2006,24(1):17-21.

第八章

地方性视域下的两种文化冲突①

---

① 本章的部分容已被整理为论文发表:翟源静."知识簇"身份在地方性与普遍性之间的转换 [N].中国社会科学报(理论版),2010-10-7(11).

本章从人类学和科学实践哲学两个视角对新疆坎儿井在地位变迁中"文化簇（cultural manifolds)"的运行及"文化簇"中各要素的作用和变化做了进一步的分析，从而发现了权力要素在整个"文化簇"运行中的核心作用和特殊性，权力的大小决定文化簇的运行速度和扩张能力。

在中国人类学和科技哲学对地方性知识的理论研究和案例分析中，中国社会科学院的叶舒宪教授对人类学领域中的地方性知识应用西方人类学传统做了梳理，并把它引入对中国地方性知识的研究中。清华大学刘兵教授直接把技术作为人类活动的结果而纳入人类学的研究范畴，他认为可以通过技术研究寻找到隐藏在技术背后的社会关系，以及从知识整体观的角度建立技术与文化之间的复杂关系[1]。清华大学的吴彤教授沿着劳斯、后现代科学实践哲学、现象学的路线把地方性知识在科技哲学中的应用向前推进了一步，提出"一切科学知识都是地方性的"[2]观点，使人们对传统的科学观有了一个新的认识；从方法论上，打通了从人类学中地方性知识的研究到科技哲学中地方性知识研究的通道（这仅是作者个人的观点，吴彤教授不这样认为，他一直在致力于对两种地方性知识的区分）。本章尝试对坎儿井这一地方性工程从人类学和科学实践哲学两个视角，做一阶的结构分析和二阶的要素关联分析，以期寻找坎儿井文化中的各要素之间关联方式及在面对外来文化簇冲击过程中，从抑制到接纳的路径机制。

第一节
地方性知识的变迁

地方性知识走进科学实践哲学领域经历了以下路径：

在人文学科领域一直存在着普遍主义和历史主义两大学术派别。普遍主义认为自然演化、社会发展、生物进化等都是有规律可循的，因此人们的任务就是制定相应的目标和计划，并通过努力达到对这些规律的认识和把握。如牛顿的万有引力定律、马克思的社会发展五阶段理论、达尔文的生物进化论等。而历史主义则认为自然的演化、社会的发展和生物的进化等社会和自然现象都是历时性的，都是时空的相关项，与特定的历史情境性、社会与境、话语实践、文本解读相关联，因此人们只有通过历史分析、文本解读、田野调查、情境分析、文化差异比较等方法来理解一定社会、一定时空下的文化存在。

20世纪60年代在人类学领域占有强势地位的结构主义学派,在很大程度上继承了传统的普遍主义的内核,把对"普遍性"的理解用"结构"这个确定性的、直观的支架来替代。该学派的领军人物列维–斯特劳斯的《结构人类学》[3]《神话论》[4]《野性的思维》[3]在人类学领域产生了很大的影响,并进而传播和渗透到整个人文学科。和这种思潮并行产生的是20世纪60年代中期到70年代初兴起于英美的象征人类学派和阐释人类学派。象征人类学派研究人类的各种行为对象,如仪式、文本、习俗等在具体的文化背景下的象征意义和文化解释,更注重各类人类学事件在具体时空下的象征意义,注重事件的历时性。这个学派的代表人物是维克多·特纳,他主要关注的是具体仪式,想从中寻找特定的象征意义和特定文化解释。阐释人类学派的代表人物是克利福德·吉尔兹,他"专注于文化的概念在社会和经济行为中的动力学作用""并通过宗教、社会、经济的实际背景去理解他所研究的当地文化持有者及其文化"[5]。吉尔兹认为:"在阐释中不可能重铸别人的精神世界或经历别人的经历,而只能通过别人在构筑世界和阐释现实时所用的概念和符号去理解他们。"[5]因此他强调"介入"而不是"观察",强调"文化持有者"内部眼界的重要性,将文化视为一种由自己编织的一张意义之网。采用"深度描写"的方法,用特定的文化话语及象征性的符号来剥离其晦涩的概念,从而将其引导到人们可感知的社会学话语中去,以此来寻找具体文本中特定的文化意义。他在人类学领域首先提出了"地方性知识"的概念,在吉尔兹那里,所谓"地方性"(locality)或者翻译成"局限性"不仅是特定的地域意义,它还涉及知识生成与辩护中所形成的特定的与境(context),包括由特定的历史条件所形成的文化与亚文化群体的价值观,由特定的利益关系所决定的立场和视域等[2]。

这一思潮在20世纪70年代后期延伸到科学哲学领域,引起科学知识社会学学者们转向对科学知识形成的深度反思,以拉图尔在1979年出版的《实验室生活》[6]一书中提出的"行动者网络理论"[6]为代表。拉图尔在卡龙等巴黎学派理论的基础上,将行动者的概念扩展到了自然领域,网络中既包括人的行动者(actor)也包括非人的行动者(actant)。非人的行动者的意愿通过代理者表达出来;行动者网络就是异质行动者建立网络、发展网络以解决特定问题的过程,各节点之间相互作用(竞争和协调)以达到最终的结果,它是一个动态的过程。[6]网络中要素的复杂性和独特的组合以及在这种复杂的组合之上所建立的网点之间的各种关系决定了"行动者网络"的地方性和不可替代性。行动者网络理论视域下的科学也变成了行动中的科学,同时重塑着社会。卡琳·诺尔–塞蒂娜(Karin Knorr-Cetina)的《知识的制造》提出了知识的建构模型,把认识视角从实验转向实验室,在知识的建构中增加了文化、权力和社会环境的因素[7]。使地方性知识概念在科学实践哲学中具有了肥沃的土壤[8]。

约瑟夫·劳斯(Joseph Rouse)首先明确地把"地方性知识"的概念引入科学实践哲学,他对地方性知识的描绘是:"地方性知识的科学观吸收了库恩的主张,即科学知识包含于:在缺乏一致解释时,在使用具体范例的能力中吸收了新经验主义者的观点,即科学中技术控制的扩张并不依赖于对该控制所做的理论解释的特定发展;也采纳了海德格尔的主张,即处于地方性、物质性和社会性情境中的技能和实践,对所有的理解和解释来说都是十分重要的。"[9]72他也对知识传播中的地方性与普遍性的关系做了相应的解释:"科学知识首先和首要的是把握人们在实验室(或诊所、田野等)中如何活动。当然,这种知识能够转移到实验室之外的其他场合。但是,这种转移不能理解为只是普遍有效的知识主张的例证化……我们必须把转移理解为对某一地方性知识的改造,以促成另一种地方性知识。我们从一种地方性知识走向另一种地方性知识,而不是从普遍理论走向其特定例证。"[9]72

他指出,科学的技术运用就是一种科学知识在实验室之外的拓展,而这种拓展就是地方性实践经过"转译"以适应新的地方性情境之后的结果。他又认为,这并不是说科学知识没有普遍性,而宁可说它所具有的普遍性是一种总是源于专门建构的实验室场所的地方性之实际技能的成就。用连带性来解释科学,科学家不是什么中立的、公正的代表,科学知识也不再以普遍有效性为前提。承认普遍性,又把普遍性认为是基于地方性的结果。这种忽略由地方性到普遍性之间鸿沟的做法注定要失去可信度强的解释力。

清华大学吴彤教授在更深入的层面上对日常学术活动中经常使用的两种"地方性知识"概念进行了详细区分,并在多种场合下对知识的地方性与普遍性进行了规范性的界定。他认为:知识的本性就具有地方性,特别是科学知识生成的地方性,以及在知识的辩护中所形成的特定情境(context or status),诸如特定文化、价值观、利益和由此造成的立场与视域等。因此,吴彤教授指出:所有的知识就其本性而言都是地方性的,不存在普遍性知识,普遍性知识只是一种地方性知识标准化的过程[2]。在这里,吴彤教授把对地方性知识的理解推进了一大步,彻底消解了普遍性的存在,打破了长期以来人们对科学知识普遍属性的"幻想存在"。

既然科学的产生、形成和辩护具有地方性,那么其最终的结果就是与具体实验室情境相关联的产物。这种情境包括人化的自然物,操作仪器的个人经验和技巧,研究人员的心理状态、文化背景、社会地位以及他们之间的权力关系等,因而所得出的结果不会是千篇一律和固定不变的,而是丰富多彩的,具有文化多样性。重视科学知识的地方性,尊重文化多样性,在科学哲学界逐渐受到了重视。展示科学知识的丰富内容,寻找地方性知识的情境合理性,就成为科学实践哲学必须面对并要做出回答的问题。

第二节

坎儿井文化簇结构与身份的演变

"文化簇"[10]是国际著名科学史家、美国宾夕法尼亚大学科学史与科学社会学系教授席文院士提出的概念，指一组文化要素相互粘连、整体传播的知识群。作者应用这一理论对新疆坎儿井文化演变过程进行要素牵连分析，以便从另一视角呈现坎儿井文化整体传播中各要素之间的相互关系，以及各要素之间由于相互粘连而表现出的共同外部特征。相应地，现代化的文化簇也以整体形式对坎儿井的文化簇形成冲击，这时坎儿井不仅作为科学意义上的技术具有知识性而且也作为人类学意义上的技术物具有社会文化性。"人类学意义上定义的技术……是一种在马塞尔·莫斯(Marcel Mauss)所使用的意义上的整体的社会现象，即把物质的、社会的和象征性的东西在一个复杂的网络联系中联结起来的现象"[1]，这样，坎儿井文化不仅是地域相关物，而且是和坎儿井技术的应用、传播及坎儿井拥有者的生活习俗、社会关系、政治背景相关联的文化簇。坎儿井文化簇的完整性与抵抗外来文化冲击的能力是与文化簇要素的弹力及作为稳固其文化整体性的"权力"能力关联在一起的。这里所指的权力是与坎儿井所在地区在全国乃至全球发展中所处的政治地位、经济实力以及本地的社会结构等背景密切相关的。"背景不是可以分开来看的东西，说它与某个概念的关系或有或无，而是一个复杂现象中的组成部分，即一个文化整体的组成部分"[10]。这种具有地域相关性的文化簇与具有强势话语权的"普遍性知识"即现代化、信息化、电子化文化形成了对比。现代化的文化簇不仅具有强势的话语权，而且具有很强的能量，在它从生产地向外传播时就以强大的能量为后盾。再加上与本地政府结合在一起的政治因素和"正确性""先进性""西方性""潮流性"等漂亮的文化外衣，以一种"山雨欲来风满楼"之势袭向坎儿井文化。吉尔兹列举了西方知识与非西方知识，西方知识具有一种强势的话语权，西方所拥有的知识被其权力的强势携带向全球扩张，这种文化簇以一种有机的整体之网冲破地方性的边界，荡涤着其他的地方性知识而使自己在别的地方性领域拥有相当强势的话语权，从而使原来自己的地方性文化簇由地方性知识的身份变成普遍性知识。新疆坎儿井文化就是在这种冲击下被肢解的，尽管这个被肢解的过程充满惊喜和欢乐，但也有痛苦和无奈。开始由在各种宣传的诱导下对机电井抱幻想式的接受，到机电井引入后出现的各种令当地人难以接受的现象，如与传统习俗的冲突、道德序列的重构、环境的恶化、水源地的污染等。现在的年轻人已经不再受传统习俗秩序的约束，随意在坎儿井上游饮马放牧，洗物洗手脚。每当看到这些现象，老人就从内心感到恐惧，害怕有不幸降临。水在当地人心中的那种神圣地位受到了挑战。

　　然而，现代化的文化簇在新疆扩张的过程中也不可能保持其原有的完整性，它同时也在接受着当地知识和文化习俗的修改。如在打机电井时他们也会举行一些祈祷仪式，也会献牛羊祭等，使机电井在当地有了习俗上的生存依据。但是，我们应该清醒地看到，这种被改造而存活下来的变体并没有真正地变成当地的地方性知识，被改变的只是形式，而其文化内核及一些核心意识形态被这种地方性的外壳美化，隐藏遮蔽起其对地方性的清洗性而找到一种更易被当地接受的形式来安营扎寨。因此，随着机电井的根基扎牢，美丽外壳下所包括的强势文化逐渐被释放出来。先是以一种更加诱人的形式扩散、渗透，它成了先进、机电化、电气化的象征，也成了人与自然的交锋中的胜利标志。人们会为接受了这种先进的形式而感到自豪，认为自己也先进了，走进了先进的序列。机电井的高效抽水更加确认了他们的这种思想，于是现代化的文化簇由于当地人的热烈拥抱而占据强势地位，而后以一种狰狞的面目荡涤着地方性，使坎儿井文化被边缘化，继之而来的是疯狂地破坏人们的生存空间。

　　现代化的文化簇扩张速度是与其能量成正比的，扩张所需的能量就是其拥有者的权力和地位，这种权力和地位由其背后的经济实力、军事能力所支撑。因此，每当这种冲击来临之时，那些能量不足的地方性知识往往因没有招架之力而无法保存自己的完整性，表面上自愿实则被迫地接纳这种外来的、入侵式的知识，这种接纳是以一种文化簇整体的形式接纳的。一些当地的年长者、坎匠、大师父以及地方性知识拥有者且有相当深邃的眼光的学者看到自己宝贵传统的流失无不痛心疾首。这时就出现了对待本土知识不同观点的两类人群，一种是想保留自己的传统地方性知识，这部分人多是老人或学者，他们大多了解本地传统以及这种传统知识传承到今天所经历的曲折，特别是这种传统知识对保留他们本民族和本地区文化、生存方式、生存状态的意义。因而他们极力挽留这种地方性传统，以期留住本民族、本地域的魂。相反，年轻人作为愿意接受新事物的"新一代"，则将新生事物看作更"高级"的生活方式，通过追逐潮流来反戈传统、推动变革，从而完成"进步"。而那些对坎儿井文化传统不太了解的学者没有扎实的传统知识或者知识的根基不牢，往往容易被外来文化的新奇所吸引，加上受到外来文化众多合理性的片面宣传，这部分人越来越觉得外来文化是完善和先进的，自身文化是简陋与不足的，常常以外来文化知识的模式为标准丈量自己的文化，而不去从自己的地方性知识中寻找标准，不理解两种不同土壤中生长出来的知识在某种程度上具有不可通约性[11]。他们把根扎错了地方，从而成为外来文化侵略本地文化的帮凶，使本地的坎儿井文化簇移位或被推出，从而使本地成为外来文化的又一个新的"根据地"，本地文化簇处在苟延残喘的边缘或消亡的状态。当这种"普遍性知识"在全球呈遍地开花之势时，它的"普遍性"身份也就不言而喻了。当然，这其中也有极力保护本地的坎儿井文化不受侵害，在强势话语下不愿屈服者，他们所具有的政治含义也就更能与铁骨铮铮相连了。

　　在人类学意义上所谈的这两种文化即地方性文化和现代化文化既然与权力和地位相关，那么这种地方性身份和普遍性身份就不会具有永恒性或不变性。文化簇的普遍性也会因原来拥有者身份和地位的变化而失去支撑其继续普遍性的能量，从而被另一个在身份和地位上更为强势或逐渐强势的知识拥有者所拥有的文化簇冲破其原有强势外壳的表面张力而被肢解、打碎成要素，进而按照强势的文化簇模式重构或被取代。那么，原来具有普遍性身份的知识会退出其侵占的领域直到缩回到其产生地那里蜕去"普遍性"的外衣重新变成地方性知识，甚至连自身原有地域边界也不能驻守，成为仅保留在老人记忆中的传统。相反，另一些地方性知识会随着其知识拥有者身份地位的变化、国力的强盛、经济实力的增长使自己拥有的地方性知识具有了扩张的能量而向外扩展。这样随着权力能量的增强而进行的扩张并不是单方面的：一方面，拥有强大能量的知识具有强的扩张性；另一方面，弱能量的一方也有想要接纳这种文化簇的需求，他们以自己想要像强者一样强大的心态来对待自己的传统与强势文化，认为自己的传统是阻碍自己民族或者地区发展的障碍，是阻碍强势文化进入本土进而使本土强大起来的障碍。特别是新生力量，他们千方百计地创造条件为这种强势文化入侵扫清障碍。这种地方性知识与普遍性知识的波动性变迁同样具有情境性、历时性，因而我们只能选择一个时段作为研究对象，把这个时段的边界作为参照系，才能观看这种动态变迁。

第三节
坎儿井文化簇的变迁对科学实践哲学的贡献

一、知识传播的普遍性不能遮蔽知识产生的地方性

　　走进科学实践哲学，对坎儿井关注的视野也随即发生了变化。在这个领域，知识的地方性更多的是指在坎儿井文化簇中所包含的科学和技术知识的地方性问题，这时已经把关注的视域缩小到在人类学的文化簇中众多知识流中的一股或众多知识团块中的一个小团块或众多知识点中的一个点或众多文化现象中的一支，这个被聚焦的点就是坎儿井工程中的科学和技术知识，而不是宗教信仰知识或民族知识或艺术等。

　　从理论上讲，这种关注视角的转换使知识的地方性与普遍性的争论具有了新的内容。这里所指的科学技术知识的地方性是指从知识的产生、辩护到传播整个过程都具有了情境性，而不像它被表征的那样具有普遍性的特质，这里的知识地方性当然也与权力有关。权力也是知识地方性的一个相关项，但它不是像文化簇的拥有者

那样的权力。这种权力大多是与课题的申请权力、语言的表达权力、实验的最终方案决定权力等相关,对于坎儿井而言,这种权力多与坎匠所拥有的掏挖技艺、工具使用的技巧、大师父所具有的对水源特有的识别能力相关。它是一个与国家权力相关但大多数情况下远离国家权力的权力领域,具有政治性但在大多数情况下回避政治。科技知识产生的情境性与科技知识传播的普遍性形成了传统科学哲学的共识也是传统的科学哲学家们共同遵循的规范。而在科学实践哲学那里,知识传播的普遍性不能遮蔽知识产生时的地方性。坎儿井的技术在中国最早出现于吐鲁番地区,工程中所包含的技艺、知识、能力也随坎匠扩散到了新疆各地,但最终(现在)也只有吐鲁番的坎儿井运行良好,而其他地方的坎儿井大多干涸或被作他用,如观赏、旅游等。由于任何科学知识是在特定与境(context)下产生的,具体知识产生时的人、仪器、设备、时间、人工自然物以及操作者当时情绪的变化等都是不可能被完全重复的,且知识表征的过程也是与表征人的知识背景、理解能力、心理状态及协商等相关的,因而知识表征本身就具有地方性。在传统科学哲学那里,这种地方性特色并没有得到应有的重视,也没有在知识产生的地方性与知识传播的普遍性之间做出消解的努力,仅把这种表征从语言学和语义修辞学领域做形而上学的加固和过滤,那么这种在"奥卡姆剃刀"下的完美残存物就是脱离了泥土而放在清水中的禾苗,只是看上去清新而纯净。那么这种养在清水中的禾苗所发出的新芽以及开出的花朵、结出的果实(假设它尚能开花结果的话)和原来生存在土地中的禾苗所发出的新芽、开出的花朵和结出的果实是一样的吗? 这也就是传统科学哲学家对"奥卡姆剃刀"下的完美物进行逻辑推演的结果注定要失败的原因。因而在科学实践哲学那里,科学知识的产生、表征和传播等创建活动均被视作科学知识的内容,并进一步明确定位科学是一种实践活动[9]225,就比较清晰和容易理解了。但要确证这个命题,科学实践哲学还需要对传统科学哲学中科学知识的普遍性问题做出解答,给普遍性的科学知识以合理的定位或解释。劳斯把传统科学哲学中的"普遍性知识"作为"实验室的一种标准化过程,是知识的'转译'(translated)"[9]22。而吴彤教授以"所有知识都是地方性的"对其进行彻底解构。毕竟劳斯对普遍性知识的解释并不能令人信服,"标准化"(standardization)[9]211注定是不完整的,因为不可能把所有的要素都标准化,比如材料、温度、湿度、照度以及速度和加速度等,进一步推演也不可能标准化时空。实验的标准化肯定是历时性的和空间化的,在没有足够理由论证时空与实验无关的情况下,你就不能忽略时空要素。同样,操作实验的人不可能被标准化,实验者的心态也不可能被标准化,不同的人对实验技巧的把握程度和对实验内容的理解程度是不一样的,你也不可能让所有的实验者在参与实验之前都同样欢愉或同样悲伤。

"科学之于文化和政治的不可或缺性以及政治问题之于科学的核心地位,远远超过了大多数科学家和哲学家所认可的程度"[12]1。在科学实践哲学中的政治"权力"

是指"表达了'行动者'的活动如何影响他们自己以及其他人后继的可能行动的形态"[12]3。在这里权力已经不是某种确定的能力或表象,而是一种关系,一种在该行动者参与或缺席状态下造成的对其他要素的影响、对其共同相互作用结果的改变,而且还影响了与该行动者共存的其他要素的互动状态,这种动态的关联就是科学实践哲学中的"权力"。坎儿井质量的好坏、输水能力的大小与大师父和坎匠的技术水平相关。同样一条坎儿井,不同的大师父或坎匠参与,结果会有很大的不同。显性方面表现为坎儿井的寿命、质量和输水量,而隐性方面则会更多,如人员的组成、人际关系的协调度、掏挖人员的积极性等。这种由于行动者的参与而出现的改变和相互间的关联就是"权力"。这种权力无处不在,它不仅存在于科学实践哲学的科学知识的产生过程、表征过程中,也同样存在于科学知识的传播途径中。这些过程中参与要素的权力即时呈现。

那么如何把握坎儿井文化簇中的这种权力关系呢?一种方法就是通过多次的掏挖实践,把参与坎儿井掏挖的全部要素(尽可能找到的全部,其实是全部中的部分,因为人是不可能有能力把全部要素都找到的)作为自变量,把权力作为因变量,通过去掉某个自变量和加入某个自变量前后因变量状态的改变来把握。但如果所有的权力都用这种方式来把握,那么会给研究者带来很大的麻烦,任何人都不可能把已知的知识通过这种方式来把握,一是不经济,再者也是不可能完全实现的。现实情况下,在一定的研究时段内,任何一个地方都不可能提供这么多次的掏挖机会供人们研究,也不可能有这么大的人力、物力和财力。另一种方法就是现象学的方法,通过沉思让事态如其所是地呈现,因此我们可以充分发挥我们的想象、尽量扩大我们想象的边界,而后对这些要素做"想象的变更"[13]180,尝试去掉某个或某些要素后的状态,直到剩下的要素是自己可以把握和控制的,然后再想象逐渐添加某个或某些因素后的呈现状态,通过这种方式对权力进行把握可能更具有全面性和高效性。"想象的变更发生在虚构之中,在那里,想象的境况虽然不同于常情,但是有助于显露一种必然性。""使想象的投射超出可能的事物,洞见到我们所投射的东西不可能存在。必然性就暴露在我们曾经试图想象的东西所具有的不可能性之中。"[13]180以这种现象学方法所获得的必然性就是我们在这里所寻找的"权力","这种必然性比经验上的真理更加深刻和牢固"[13]181。这种权力的地方性在不同知识要素中所呈现的方式和表现的形式也会具有不相同性,指称关系的权力无处不在。

二、两种地方性知识的关联

从表8-1我们可以看到,人类学和科学实践哲学中的知识都是地方性的,但是地方性知识的内容及各要素在该体系中所起的作用不同。如果把地方性知识比喻成一棵树,那么两种地方性知识的树干不同。人类学中的地方性知识主干是权力,各种知识就组成了这棵树的枝杈,如科学知识、宗教知识、文化习俗等等。权力的强弱决定着整棵树的长势,如果权力强大则整棵树枝繁叶茂;如果权力弱小,则树干就会细小,树枝就不会发育很好,整棵树就不会强大。如果树干枯萎,那么树枝也会死亡或脱落。而后者科学知识是树干,权力是其中的一个树枝或树杈。

表8-1　两种地方性知识的要素

结构	种　　类	
	人类学中的地方性知识	科学实践哲学中的地方性知识
主干	权力	科学知识
要 素	科学知识	权力
	宗教	心理
	民族	环境
	风俗	人工自然物
	习惯	时空
	……	……

　　在新疆坎儿井文化簇中两种意义共存,因此在谈到坎儿井技术文化的地方性时两个方向都应该得到解读。整体的坎儿井文化簇是人类学意义上的文化簇,它是与现代化文化簇相对比而存在的概念。而作为坎儿井掏挖技术、原理上知识态的文化是科学实践哲学意义上的文化。两种文化都与权力相关,但是权力在这两者之中所起的作用和所扮演的角色不同。前者权力是文化簇的主干,而后者科学知识是权力的主干,两者的角色进行了一次互换。前者的能量是知识簇拥有者权力的大小和地位的高低,而后者的能量是自身比较优势的强弱。前者的拉力是处在弱权力地方的人们对潮流的崇拜,对现代化生活的渴望;而后者的拉力是知识本身的魅力对人们的召唤和吸引,科学知识本身的美感所展示的魅力以及人们天生对自身生活在其中的大自然了解的渴望。前者,权力具有决定性的作用,它决定整个文化簇的存亡;而后者,权力影响着整个文化簇,它的强弱影响整个结构中各元素之间的关系状态但不能决定整个文化簇的存亡。权力和其他要素在结构上具有同等的地位,各要素之间动态关联共同决定着这个文化簇的存亡。因此权力在两种结构中所处的位置不同,注定它在不同的结构中所起的作用也不会是等效的。

　　在人类学意义上,地方性知识又分为两类:一类是和地域密切相关的知识,具有地域固有性、民族本性、文化交感性和时空共存性。如吐鲁番地区的三层民居,半地下半地上的结构模式,火焰山上的沙疗、冰井、冰窖、冷气等。因为这部分知识的环境依赖性、情境生成性强,只能在本土生存。这种强的地方性决定了它们不具备传播性或具有非常微弱的传播能力,暂且称之为固有性的地方性知识。另一类是可传播性地方性知识,它又分为两种:一种是弱可传播性的地方性知识;另一种是强可传播性的地方性知识,也就是通常所说的普遍性知识。在可传播的地方性文化簇中,弱可传播性的那部分地方性知识常常会受到当地的地方性知识的冲击而变形或部分丢失,而强可传播性的那部分地方性知识"有一个核心领域,如电磁学、热力学、进化论、遗传学、历史地质学、几乎整个现代化学以及对分子、原子、原子核的结构和性质所做的研究"[12]1。这个核心领域的知识往往具有更大的迷惑性,它常常以普遍有效性的身份出现而引起当地人的兴趣并被接纳。恰恰这部分强可传播性的知识往往携带着大量的意识形态的东西一起被输送进来,对当地传统的冲击是不言而喻的。这部分知识往往带有很大的意识形态隐匿性,当人们正沉浸在这部分知识给他们带来的快乐时,思想意识也已悄悄地发生了变化。正如从小接受的缺省配置知识一样,我们可以利用杠杆原理来撬动一块比我们重若干倍的大石头,通过电解水可以得到氢气和氧气。

从对坎儿井文化簇的分析,我们回观科学实践哲学的"权力"理论,人类学的文化簇的各个层面和各个要素中都充满着这种"权力",而整体文化簇的权力主干也是科学实践哲学中"权力"的动态呈现。

参考文献

[1] 刘兵.人类学对技术的研究与技术概念的拓展[J].河北学刊,2004,24(3):20-23.

[2] 吴彤.两种"地方性知识"——兼评吉尔兹和劳斯的观点[J].自然辩证法研究,2007,23(11):87-94.

[3] 克洛德·列维-斯特劳斯.结构人类学[M].张祖建,译.北京:中国人民大学出版社.2006.

[4] 克洛德·列维-斯特劳斯.神话学[M].周昌忠,译.北京:中国人民大学出版社,2007.

[5] 克利福德·吉尔兹.尼加拉:十九世纪巴厘剧场国家[M].赵丙祥,译.上海:上海人民出版社,1999:6.

[6] CALLON M, LATOUR B. Don't Throw the Baby Out with the Bath School! A Reply to Collins and Yearley [M]//Pickering A. Science as Practice and Culture. Chicago and London: the University of Chicago Press,1992:343-368.

[7] KNORR-CETINA K D. The Manufacture of Knowledge: An Essay on the Constructivist and Contextual Nature of Science [M]. New York: Pergamon Press, 1981:9.

[8] 郭新华,翟源静.视角的转换:从实验到实验室——兼论卡琳·诺尔-塞蒂娜的实践观[J].自然辩证法研究,2008,24(9):51-55.

[9] ROUSE J. Knowledge and Power: Toward a Political Philosophy of Science[M]. Ithaca: Cornell University Press, 1987.

[10] 席文.文化整体:古代科学研究之新路[J].中国科技史杂志,2005,26(2):99-106.

［11］ 翟源静,刘兵.从地方性知识视角看新疆坎儿井申遗［M］//杨舰,刘兵.科学技术的社会运行.北京:清华大学出版社,2010:163-173.

［12］ 约瑟夫·劳斯.知识与权力［M］.盛晓明,译.北京:北京大学出版社,2004.

［13］ SOKOLOWSKI R. Introducion to Phenomenology［M］. UK: Cambridge University Press,2000.

第九章
坎儿井技术和文化的技术哲学内涵

　　本章旨在把新疆坎儿井技术文化的孕育及产生过程、面对外来文化冲撞时的纠葛、冲撞，放在技术哲学的理论视角下审视，为坎儿井文化的研究开拓视域。通过对传统工具和现代工具文化生成过程的比较研究，寻找现代工具下文化生成过程"意向弧"[1]断裂或受阻，致使技术文化的完整性受损的原因。走进已经完成的坎儿井，考查其成为"焦点物"[2]196的文化汇聚经历以及"焦点物"地位发生变化后文化的离散过程。技术更新使坎儿井的"焦点物"地位被"设备"[2]所取代，继之而来的是心灵的"无家可归"。为了解决由于技术变迁而带来的心理困惑，本章提出修复"意向弧"，重构"焦点实践"，恢复生活的深刻性和完整性。

第一节
技术"透明性"转变，"意向弧"的畅通性被破坏

————

　　当这种飘着泥土气味的传统技术逐渐淡出我们视线的时候，作者想顺着那蛛丝般的线索走向传统，走近那远古的记忆，挖掘传统宝库中人类的生存智慧，寻找人们使用传统工具掏挖坎儿井的文化的生成、召唤和凝聚的过程。对比现代技术与传统技术的两种境界，我们可以看到坎儿井工程之宏大与挖掘、定向技术之细微，这更衬托出看似简单古朴的坎儿井工程之复杂、建造之艰难。这种复杂和艰难并不体现在结构的复杂和精密上，也不体现在操作程序的烦琐上，而体现在对它的体悟上，体现在先辈们对大自然的敬畏并与其合二为一上，体现在对大自然的体悟中升华出的生存能力上。当然，现在卫星定位系统的定向要比这种定向方式先进得多，也方便得多。有了探照灯，井内照明更是省去了加油、续灯芯、挖壁室、钉楔子、来回移动油灯、不断拨动灯芯的烦琐。现代的拖拉机代替了传统的毛驴，省却了牵引毛驴、喂食草料的过程等等。在人们津津乐道于现代的进步和蔑视先辈的简陋时，是否还能意识到在对传统的继承中我们丢失了很宝贵的东西——我们失去了和大自然的亲密关系，失去了对大自然体悟的能力，在一步步把大自然变成对象的过程中，我们已经无法仅凭"微观知觉"了解周遭世界的喜怒哀乐。当然我们有了另外一种能力，那就是使用先进的技术改造自然，以强者的姿态面对自然，并"陶醉于一次又一次对自然的胜利中"[3]，但我们在不知不觉中失去了与工具的"具身"（embodiment）[4]72，致使工具与身体分离，人对世界的感知也在"微观知觉"向"宏观知觉"转换的"意向弧"[1]中断裂。

一、"具身"工具带出文化场域

"具身性"最早出现在马丁·海德格尔(Martin Heidegger)对锤子的论述中。他认为当我们用锤子锤打时,我们已经意识不到在使用锤子,因为我们已经习惯用它。海德格尔把这种状态叫作"上手状态"[5],而伊德把"作为身体的我"(I-as-body)借助技术手段与环境相互作用时的共生关系叫作"具身性",在这种状态下人与工具的关系就是一种"具身关系(embodiment relations)"[4]72。人使技术具身,使技术成为人的一部分,扩展身体对世界的感知和作用能力。梅洛·庞蒂指出,身体的行为和保有生命有关。身体在我们周围设定了一个具有原初意义的生物世界;身体又通过一定的努力习得一定的技艺,这样就在原初意义之上形成了新的意义世界。还有些意义不仅是靠身体的原初意义实现不了的,也是靠身体的习得获得不了的,这就必须靠创造工具来完成,于是就会在身体的四围创造一个文化世界[6]169。在梅洛·庞蒂的基础上,德雷福斯进一步把具身性明确为三个层次:身体的形状和内在能力[7]、身体的习得技能、文化的具身性[2]。

传统的掏挖技术延续了几千年的时间,直到今天还有年长的老坎匠在坚持使用这种技术,因为这种技术对老坎匠来说已经具有了强"具身性",它们与坎匠的生活和劳作融为一体。这种低技术在坎匠那里具有很强的"透明性"(transparent)[4]73。所谓"透明性",在伊德那里是指透过技术与自然打交道时,技术对人感知被感知对象的阻碍程度。人们往往通过追求技术的高透明性来实现身体对外界的高能力感知。透明性也是具身性所要求的物质条件,透明性越好,具身程度越高;反之,透明性越低,具身程度就越低,这时无论工具自身的能力有多大,对人来说,工具也不能处于"上手状态"。坎匠们通过长期使用辘轳、坎土曼、镢头、柳条筐、油灯等与外部世界照面,这些工具对于长期使用它们的坎匠们来说是"透明的",具有强的"具身性",处于"上手状态",工具与坎匠的身体浑然一体,坎匠的身体能力得到提高。这种身体能力的提高使原来许多仅靠身体不能直接完成的工作在使用这些工具后成了可能,使坎儿井这项浩大的工程出现在新疆辽阔的干旱沙漠之中成为可能,使本来不具备人类生存条件的地方的人类定居成为可能,使本来作为中介技术的工具在坎匠们一次次的熟练使用中"抽身而去(withdraw)"。坎匠们逐渐熟练使用工具而最终使工具达到具身的过程被称作"具身实践"(embodied practice)。经过这一系列训练,使处于"上手状态"的工具具身,成为身体的一部分,与身体共同组成一个与世界照面的系统。这时身体与工具共生交互,从而获得了一种对世界照面的习得性感知。

坎匠与世界之间存在一种意向关系,首先是坎匠身体与世界的照面,但是这种照面受坎匠身体结构和能力的局限不能自由地实现坎匠的愿望——掏挖坎儿井,在广袤的沙漠下建造"长城"。因此他们必须制造工具或借助于工具来实现愿望,于是就有了各种工具在掏挖坎儿井的场域中现身。坎匠在初次使用工具时,工具对身体能力的扩大作用表现得最为明显，用手捧起一捧土与用坎土曼铲起一铲土的效率曾让坎匠们兴奋不已。但坎匠们最初使用工具还是有些不习惯，不能很好地感受泥土的重量、湿度。具身实践需要一个过程，必须经过多次实践，一旦通过训练习得了这种使用的技能，坎匠们与他们照面的周遭世界就是一种新的意向关系，这时使用这些工具的技能不仅扩展了坎匠们的身体能力，也会使坎匠直接置身于一个具有新意义的世界中。在挖掘场域中，不仅由于工具的使用将工具文化带到现场，而且工具制造者的技术、艺术、社会文化等也被带到当下的场域中来。如工具造型的合操作性、合情境性，各种油灯的艺术造型不仅实现了功能而且还提供了视觉和美的享受。在油灯身上镶嵌的各种动植物图案、花纹等不仅展示了当时相当程度的陶艺技术，同时也呈现了当时的社会文化信息、宗教信仰、灵物崇拜及身份昭示等文化背景。在场的工匠、工具与缺席的工具制造者以及社会、文化、宗教艺术等一起现身于此，使得文化信息附着在工具上被带到坎匠的掏挖现场，"文化世界也因此和我们的身体相关联"[8]。坎匠们被置于一个具有新意义的世界之中，在坎匠的周围"投射出过去、现在、未来的生存环境"，坎匠们的"物理的意识形态以及生产道德的情境"，或者说坎匠们就置身于"所有这些关系中"[6]157。

在暗渠中工作的油灯不仅是人视觉的具身，使人在黑暗中能够看到事物，而且是感觉的具身，当有危险到来的时候油灯火焰的摆动就是危险的预警。当火焰向后摆时，有经验的坎匠立即会警觉并迅速果断地逃离危险发生地，使本来靠身体的感觉不能达到的能力产生了。这种能力是油灯和身体具身后，坎匠身体增长出的能力，这种能力是灯–人系统共同完成的；通过辘轳具身，提升力量增大了；通过镢头具身，手臂延长了，臂力增强了，手指锋利了。这时坎匠与世界的照面不仅是与工具融合在一起的照面，而且是在社会文化、艺术、宗教的大背景下与世界打交道，在一锹锹的铲土中体验大自然的威严与神圣，感受大自然的喜怒哀乐。

二、扩展"宏观知觉"，追求"透明性"

伊德在技术的具身性基础上将知觉分为两种，一种是"微观知觉（microperception）"，另一种是"宏观知觉（macroperception）"。微观知觉就是胡塞尔和梅洛·庞蒂所说的纯粹身体对被知觉对象的知觉，而宏观知觉则是身体借助于技术工具所实现的对被知觉对象的知觉。伽利略透过自制的望远镜观察天体时，身体对天体的知觉就是宏观知觉，但伽利略在惊喜于宏观知觉带来的成就时忽略了身体在观察时那种放大的不真实感觉。胡塞尔、梅洛·庞蒂、德雷福斯在谈论身体与世界的耦合时，都强调了技术与身体的具身关系，但忽视了微观知觉与宏观知觉的联系。海德格尔则关注处于"上手状态"的技术（锤子）在人的实践活动中所带出的一系列意蕴关联，将知觉作为一种知识（锤打）的能力，从而忽视了知觉在实践中的转化。坎匠通过多次"具身实践"的训练使工具与自己的身体形成一种良好的"具身关系"后，工具成为坎匠身体活动的一部分,坎匠与工具一起面对的是不同于原初意义的新的意义世界。坎匠通过使用工具与世界建立了一种新的"指引关系(indication relation)",坎匠也与工具一起被置入这种新的关联中。这时坎匠对世界感知也由"微观知觉"向"宏观知觉"转化。

现在考察一下坎匠使用工具的具身智慧中,由"微观知觉"到"宏观知觉"之间的"连续统"。当坎匠与工具之间的具身关系建立后,坎匠与世界的关系就由原来的身体与世界直接面对面的情况"坎匠—世界"转变为"(坎匠—掏挖工具)—世界",成就了坎匠的能力扩展。然而与坎匠具身的掏挖工具是有层次的,工具的具身能力也是有大小的,这种具身能力的大小和工具的"透明性"密切相关。伊德在分析技术的具身性时,把工具的"透明性"根据透明程度划分为三种类型:完全不透明、部分透明或类透明、完全透明[4]73-75。所谓完全不透明,是指技术把人与世界完全隔离,人透过技术感知不到世界的状况;完全透明是指技术对人感知世界没有任何阻碍;介于两者之间的就是部分透明或类透明。

对于坎匠来说,透过技术面对的已经是新的意义世界,因此我们应该在已经转换了的格式塔结构中考察其"透明性1"①。掏挖工具的"透明性1"越高,它具身的程度越高,这样通过具身工具既能把坎匠对世界的认知由"微观知觉"扩展到"宏观知觉",又能使工具在新的格式塔结构中建构新的具身文化后"抽身而去"[4]75。当新的格式塔成为常态时,就建立了一种新的文化"范式",在坎匠工作的场域中,身体、工具、世界、文化(包括各种不在场的呈现)形成了一个短暂的自我封闭的、协调良好的系统。

然而新技术的召唤总是打破传统范式的诱因。坎匠们也在追求具有更强扩展能力的技术,同时希望新的技术能像传统范式下的技术一样具有强具身性和强透明性。追求"透明性"是人们想使自己在工具具身下具有更强解蔽自然能力的愿望,因此只要能使工具具身,这种愿望就不会停息下来。当然在任何时候技术都不可能是完全"透明的",即具有"部分透明性"[4]75。然而,透明程度的大小决定着该技术具身能力的强弱。一般来说,就技术本身的因素而言,具身能力的大小与透明度呈正相关关系,透明度越大,具身性越强。而透明程度却与技术对人的身体能力的扩展程度负相关,透明性越小,技术对人的身体扩展能力越强,"越接近这种技术所允许的不可见性和透明性,越能扩展身体的感觉"[4]74,这就是"新技术在转换了格式塔结构对人的身体能力扩展时所付出的代价"[4]75。我们当然不能为了完全具身而不要技术,但也不能为了使用技术而损失掉技术的透明性。因此,透明性与技术的扩展能力这个"跷跷板"的两端要保持一定的平衡状态才能实现整体效益最佳,既能保证技术具有扩展人的能力的作用,又能实现技术一定程度的具身。只重视任何一端就会使这个"跷跷板"失

---

① 为了和后面的解释学透明性做一区分,在这里把具身关系中的"透明性"称作"透明性1",把解释学的透明性称作"透明性2"。

衡,从而造成不可预期的极端性。

如何才能实现这种平衡取决于两个关系链,而每一个关系链又取决于关系链的两端的节点。这两个关系链一是人与技术之间的关系链,二是技术与世界之间的关系链。首先人与技术之间的关系除了包括上一节所讨论的技术要具备一定的被具身的能力,技术要具有一定的透明性之外,作为这个关系链的另一端的人也要具有一定的使技术具身的能力。掏挖工具对于坎匠们来说是具身的,但对于一般的工匠就不具有具身性。因此这要求操作技术的人具备一定的使技术具身的能力。对于坎匠来说,他们在长期使用工具与周遭世界多次照面的过程中,积累了一定的知觉扩展经验。长期以来,这种经验加上工具一起成为一个整体面对世界,这时技术对他们而言就是自己身体的一部分,他们对世界的感知也是和技术在一起完成的。当刨尖遇到阻滞或有一种声音传来时,坎匠们知道这是遇到胶层或沙砾层了;当油灯的火焰朝一个方向倾斜时,他们会条件反射般地沿着火焰的倾斜方向迅速撤离。现代技术也是一样,一个熟练的车手在开车时,他的感觉会扩展到车身上,他能精确地感知路面的情况和车对路面的压力。同样,一个完全不会开车的人是无法做到这一点的。因此,考察技术与人之间的关系,如技术的具身性、技术与人的具身关系、技术被具身能力的大小以及人使技术被具身的能力的大小等都至为重要,它们共同作用才能实现技术与人的良好具身关系。

技术是按照人与世界照面的方式与世界照面的,如炼钢炉中的机械手、挖掘机;人也按照自己与世界照面的方法来创造技术。因此技术代替人与世界照面,也就是技术扩展了或放大了人的某一方面的能力来与世界照面。对于人来说,他知道技术与世界是如何照面及技术的这种与世界照面的结果与状况。当世界把它的喜怒哀乐通过技术反馈给人时,人在使用技术时也就知道了世界的喜怒哀乐,这时我们就把注意力转移到第二个链条上来了,即技术与世界之间的链条。技术按照人与世界照面的方式与世界照面,技术的进步对人来说是一个从完全透明(无技术)到完全不透明(全技术)的连续统,人总要在两端之间找到一个既能扩展自身的能力又能使技术具有相应"透明性"的平衡点。当技术的这种扩展能力逐渐向完全不透明端移动时,人通过技术了解世界的能力就越来越小,直到世界完全被技术遮蔽。这时技术与世界之间的链条因太长而无法与人体的感知相交叉,因而人无法通过技术来了解世界,技术与世界照面的方式与结果对人来说是一个"谜(enigma)"[4]86(如图9-1所示)。谜的位置就在技术与世界之间,由于从上而下技术的透明度降低,那么人通过技术这个中介感知到的世界2与真实的世界1就会错位,从而使人无法通过技术去正确感知世界。这就是人们追求技术进步、扩展自身能力,从而使人、技术和世界之间的关系得以重新构建的最终模式。传统技术下,掏挖坎儿井的工具具有良好的具身性。通过工具的具身,坎匠与世界之间由"微观知觉"向"宏观知觉"过渡的过程是一个有机的过程。坎匠通过使用具身工具扩展了身体与世界打交道的能力，使得坎儿井工程的实现成为可能。可以说，在传统的坎儿井工程建造的整个过程中，既有"微观知觉"的部分，也有由"微观知觉"过渡来的"宏观知觉"使坎匠能力扩大的部分，也有两者并存而相互关联。大师父通过各种视觉和触觉以及身体的整个空间感觉寻找水源的过程、在暗渠中作业的坎匠手捧泥土时的感觉、在选取竖井线路时寻找水线位置的技艺、在维修坎儿井暗渠时通过手触或身体与泥土接触时寻找打自流井的位置等，就是大师父和坎匠与世界打交道时的"微观知觉"部分。而通过提升、掏挖、运送、照明等工具实践使工程得以实现的过程以及通过油灯火焰判断危险到来的经验，都是来自具身工具对身体能力扩展而来的"宏观知觉"。然而，由坎儿井到机电井，也许还会出现更先进的输水技术，这种追求在使人越来越省力、对自然的控制能力越来越强的同时也逐渐弱化了技术与人的具身关系，使人与自然之间的关系链条断裂。那么如何既能弥补这种断裂，又能恢复人对自然的感知呢？这就出现了人与技术的第二种模式——解释学模式，并出现了人与技术之间的第二种关系——解释学"透明性"。

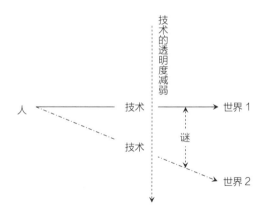

图9-1　透明度与具身能力、身体扩展能力之间的关系

三、解释学的透明性

在具身关系中，当技术对人完全不透明时，这种状态是可怕的，身体不能透过技术感知世界状况，也不能知道技术与自然打交道的情境，人变成只能够享受成果、被动地接受技术与世界照面的成果，却不知这种成果能享受多久、成果是否具备持续性。对新的技术应用所带来的具身阻碍使得技术对人不再具有透明性，从而无法在由"微观知觉"向"宏观知觉"过渡的链条中建立起与世界的有机关联，伊德用人与技术的第二种模式，即解释学的技术模式填补了这一断裂。

所谓解释学的技术模式，是指在具身关系不能很好地直接感知自然的意义时，就需要通过新的技术设备的指示装置对世界做出解释。这种起指示作用的装置可以是图表、文字、指代符号、图像、指示表盘等，如我们看到高温炉的温度表盘的表针指示就可知高温炉中水的温度，如果没有对表盘的解释，仅凭我们的眼睛是无法感知锅炉内水的温度的。再如通过观察射电望远镜对天体进行检测时传来的图像记录来了解天体的运动变化情况,这种图像并不是天体的实际拍摄图片,而是用红外光拍摄的红红绿绿一堆颜色的组合,但经过专业训练的人员就能通过这些图片了解到天体运行的实际状况。这种关系就是解释学的技术关系。这种通过阅读仪表等来获得对世界的解释与具身关系中获得的对世界的知觉是不一样的,通过简单的放大镜或望远镜看到的物体与人的肉眼看到的物体是同构的,但是我们通过射电望远镜观察的图形与我们的肉眼观察的物体不同构。伊德说:"在这种情况下不仅仅显示出人和工具'意向性'之间的巨大差异,而且在这种情况下知觉到的东西不只在微观结构的程度上不同,它们在种类上也不一样。例如红外线的投射可能使植物中的疾病区成为可知觉的,而且这种疾病区是在任何直接知觉的情形下所不能知觉的,这里正是通过不同的工具'意向性'来收集新知识的。"[9]78

在用机电井代替坎儿井的技术设备中,机电井设备就成为人面对自然的工具。透过机电井,人无法看到自然的状况,从具身关系来讲,这基本上处于一种完全"不透明1"的状态。这时技术与人具身的只有机电井设备中的部分,如人和被操纵的开关、按钮、闸刀或启动手柄等形成的具身关系,人的感知终点就在机电井设备上。人透过机电井设备上的这些被具身的部分可以感知机电井设备是否在运行,人与自然的关系被阻隔在机电井本身的这个中间环节中,人无法透过机电井设备去感知自然。为了弥补人与自然之间的断裂,人、工具、自然界之间一种新的关系就建立起来了,这就是解释学关系。人要想了解地下水源的大小、水流量的大小、地下水位的高低等,要通过随机电井而安装的仪表盘上的读数获取,仪表盘上会指示出机电井抽水的速度和抽取的水量,这些都是控制机电井的商家用来向使用机电井浇地的村民收取水费和电费的依据。人通过这些指示就了解了水的流速、流量等,这时机电井的表盘指针所指就具有解释学的"透明性2",它以一种特殊的形式"指向"它所代表的对象。

人通过解释学"透明性2"获得对自然的认知与在具身关系中通过"透明性1"获得对自然认知的情况不一样。后者的意向对象与自然之间是一种知觉同构关系,而前者的意向对象与自然之间是一种"文本"同构关系。在第一种同构关系中,人对自然的认识是"透明性1"和"透明性2"相综合的产物,因此"文本"同构不是直接获得的,其中间有几个环节。只有几个环节保持良好,"文本"同构的意向对象才和自然相吻合。

首先,具身部分的"透明性1"要得到保证,即人与机电井按钮之间的具身关系,这部分相对比较容易获得。透过这种关系,人的身体可以很好地感知机电井设备的运行状况,两者关系的建立可能通过多次的具身实践获取。

第二个环节是机电井的开关按钮和机电井的马达及运转系统之间良好关系的保证,这个环节是靠具身关系无法达到的部分。这部分出现问题会使"意向弧"[9]136回路中断。梅洛·庞蒂的"意向弧"是指意向路径,它表达了身体和自然之间的亲密关系,在个人的能力提高的过程中,世界到人再由人回到世界的意向反馈回路,"意识的生活——认知生活、愿望生活或知觉生活,受到一个'意向弧'的支撑,而它在我们周围投射出我们的过去、我们的未来、我们的人文环境、我们的物质环境、我们的意识形态环境、我们的心理环境。正是这个意向弧造成了感官的统一性、感官和智力的统一性、感受性和运动机能的统一性"[9]136。身体就被设置在这种由"意向弧"所带出的意蕴关联中,它使得身体和世界之间形成了反馈回路。伊德用操纵船上的控制杆的例子进行了分析[4]87。

在船上换挡时,座舱里有一控制杆,当往前推时,就发动了向前的齿轮;当停在中间时,它就停止不动;当向后拉时,就发动了向后的齿轮。借助这个控制杆,就可以很容易感觉到变速器中齿轮的变化(具身关系),直接辨认出简单的解释学意义(向前推控制杆就是往前走)。不过,过了一段时间后一旦回到了码头,松开了向前的齿轮,螺旋桨仍然推着船向前走。于是,马上向后拉控制杆,这时候船仍在向前。解释学意义失效了:虽然仍然能以一种挡位控制方式感觉一种差别,但后来才发现固定控制杆的钩环损坏,从而实际上无法换挡。

"意向弧"在这里中断,"透明性2"在这里被阻隔。第三个环节是机电井设备上的仪表与意向对象所指的世界之间指示关系良好, 水量表指示的就是抽出水的水量,水位表指示的是现在的地下水位, 流速表显示的是水由水源处被抽出地面的速度。这种链接关系的失灵,不仅会使"意向弧"在此地中断、"透明性2"在这里被阻隔,而且会造成灾难性的后果。1986年4月发生在苏联的"切尔诺贝利事件"和1979年3月发生在美国的"三里岛核电站事故",这种"文本"同构关系中,反应堆与人之间的解释学"透明性2"完全是由仪表盘和作为意向对象的反应堆之间良好的链接关系组成的"意向弧",仪表盘上显示的是核反应堆的反应状况,由于仪表与反应堆之间链接关系的差错,"意向弧"就此中断,出现了近乎崩溃的延迟,导致了一场无法避免的灾难发生。

第二节

"焦点物"被"设备"取代①

技术在建构的过程中实现着文化,技术在完成后进驻文化。本节借用鲍尔格曼"焦点物"(focal things)理论,重新审视新疆坎儿井这项完成了的技术工程在文化层面上的技术角色及其转变,论证新疆坎儿井的地位在由"焦点物"到被"等价设备"所

---

① 本节内容已被整理发表:翟源静,刘兵.从鲍尔格曼的"焦点物"理论看新疆坎儿井角色的转变[J].科学技术哲学研究,2010,27(6):56-60.

替代的过程中，因"手段"和"目的"分裂所造成的一系列环境、心理和社会问题。

一、作为"焦点物"的坎儿井

近年来，技术哲学的研究越来越成为学术关注的热点。鲍尔格曼是海德格尔师门的学术继承者，作为一位此领域中比较重要的人物，他在对海德格尔的技术理论进行批判和分析的基础上提出了自己的技术哲学理论，其中"设备范式"就是其重要理论之一。在他的"设备范式"理论中，通过对传统低技术时代低技术作为"焦点物"[2]196的论述，呈现出了传统技术时期生活世界的多样性和完整性。

所谓"焦点物"，是鲍尔格曼在《技术与当代生活的特征》一书第23章的一个重要的概念，他对"焦点物"的解释是从拉丁文开始的，在拉丁文里"焦点"这个词最早是指"壁炉"(hearth)，"在前技术时代的屋子里，壁炉组成了一个温暖的、光明的、日常实践的中心"[2]196，是为一个家庭提供温暖、带来光明的聚集场所，它给这个家以生活的实践和生活的体验，进而是这个家得以维系或家之为家的必要条件。鲍尔格曼进一步阐释："在古希腊时代，当婴儿被携带到壁炉边并放到壁炉前时，他才算真正地加入这个家庭并成为这个家庭的一员。古罗马的婚姻联盟在壁炉边举行是神圣的……"[2]196在鲍尔格曼那里我们可以看到："物"之所以成为"焦点物"，不仅仅在于"物之为物"，还在于它的"在场方式"、"呈现"形式、"场域"、与"周遭"世界打交道的方式以及那些"不在场"却是这个场域的重要组成部分的要素。它们共同组成了以"物"为中心的人们生活的有机场域，生活世界由此得以展开，社会由此得以构建，文化由此得以产生。

从"焦点物"视角看，坎儿井"现象"出现于干旱严重的新疆地区，历史与现在、自然与社会均进入存在的"澄明"中，因而在古代甚至在现在的一些地方还保留着以前的习俗。在当地人心中坎儿井就是大自然给人的一种"馈赠"，具有神圣性，每当开挖坎儿井选择水源地时，就要到井王庙和水王庙中进行祭拜，得到井王和水王的应允后，才可以进行寻找水源、开挖坎儿井的活动。找到水源是"水王"的恩赐，开挖顺利是"井王"的关照。因此，每当大师父找到水源时就会举行相应的祭祀活动来感恩和庆祝。水流量大就会举行"宰牛祭"，即宰牛献祭庆祝；水流量小就用"宰羊祭"，即宰羊献祭庆祝；水量再小也会有歌舞庆祝，以感谢水王的恩赐，感恩接收到的"馈赠"，庆祝自己幸福生活的到来。因而，在水中凝聚了神的慈爱。同样，在井王庙的井神允诺后，开挖之前穆斯林坎匠还会让当地的阿訇来念经以祈求真主保佑掏挖工匠的平安。进行了这样的活动之后，坎匠才会开始工作，并心怀感恩，整个过程庄重而神圣。这时坎儿井就成为鲍尔格曼笔下的"焦点物"，它成为当地人生活的中心，成为维系人与人关系的纽带，成为人们生产和生活实践的场所。坎儿井不仅有自己同"周遭"世界打交道的方式，深埋于地下，输送着天山甘露，而且还呼唤着多方面的参与，如给每个参与的人分配不同的任务：大师父寻找水源，坎匠掏挖井渠，年长者赶着牵引辘轳的毛驴，年轻人忙着倾倒运到地面上的泥土，妇女们做饭送饭。戈壁沙漠的空旷寂静、当头暴晒的炎炎烈日与坎儿井下的阴凉清爽、暗渠闪烁的定向灯火、转动的辘轳、驴儿的叫声、来往送水送饭的妇女、戈壁滩上玩耍的儿童、天空飞翔的鸟儿、碧蓝的天空、戈壁黄沙还有色彩斑斓的鹅卵石交织在一起，形成了一幅壮丽的画面。"这种身体的参与(physical engagement)不是简单的物理碰撞，而是通过身体多种敏感性去体验这个世界，这种敏感性在参与中变得更加灵敏并得到强化"[2]42。地面45℃的高温和坎儿井下的清凉；地上干热的风沙与地下汩汩流淌的清凉坎水，使他们对神的神奇力量坚信不疑。技能中的许多默会知识也在身体与土地的多次接触中得到精炼和传承。大师父和坎匠的继承者通过多次"参与"而对上一辈传下来的技艺进行领会、掌握和丰富。拥有技能的大师父和坎匠在奉献他们的技艺的同时获得了社会的认可和尊重，在受到尊敬中获得满足与自豪，同时这也促使他们在技艺上更加精益求精。在各个村落的这个小社会中，拥有技艺的大师父和坎匠是最受敬重的人，他们的社会地位很高，拥有相当高的权威。邻里之间的矛盾纠葛只要大师父出面调解就能得到解决。婚庆喜宴、添丁增口也要有大师父的祝词才能落席。坎儿井的地点选取、掏挖和使用把大家组织在了一起。在古时候，组成村落的每一个人都拥有一定的专长，每到有掏挖坎儿井的需要时，他们带着自己的技艺和专长参与到这焦点实践中来。坎儿井以各种不同的方式把居民们联系在一起，形成一个有机的社会网络，这时坎儿井就成了社会、生活、文化意蕴关联纽带的"焦点物"。后来出生的孩子以一种先验知识方式接受这种文化模式，守护着坎儿井，内心充满和他们祖先一样的神圣和感恩之情。

坎儿井建好以后，这里便成为当地人生活的集中地、文化的衍生地。炎热的夏天，人们三五成群地坐在坎儿井边的树荫下乘凉、聊天，或坐在坎儿井水浇灌的葡萄架下，喝着奶茶，闲话家常，唱歌，跳舞。他们拿出在冬天贮存在坎儿井暗渠壁的耳室"冰井"里面的冰块制作成各种冷饮，为火热的夏天送来丝丝凉意。姑娘小伙也会相拥在坎儿井的"水窗"边送出人生最重要的定情腰刀，相互许下永久不变的诺言。妇女们用脚蹬着摇车哄着孩子，手里绣着花帽，不停地和女伴说着悄悄话，高兴了抿嘴一笑。男人们三五成群地下着方(当地的土围棋)，不时发出争吵声，涝坝里浮在水面的鱼儿吓得一下沉到水底去，树上的小鸟也停止了鸣叫，一片和谐安逸的田园景色。在这里，坎儿井不仅以自身的呈现方式滋养着人们，同时又使人们通过坎儿井得以"认识"与"关照"自然。坎儿井成为人们接受神灵恩赐的场所，是神灵庇佑之地，也是社会秩序产生和维系的纽带。坎儿井成为海德格尔所说的"天、地、人、神"四方聚焦的场所。围绕坎儿井这个"焦点物"，在场的坎儿井、天、地、人、神和"不在场"并与之有关联的外部世界共同处在一种动态有序的有机关联中，世界的社会秩序和文化意蕴得以在这里展开。

二、从"焦点物"到"设备"的转变

在新技术被带进这个地区的过程中,新疆坎儿井这种焦点物逐渐被其等价设备所取代,其角色也随之转换。鲍尔格曼把"物"和"设备"进行了区分,认为设备首先是和"可用性"联系在一起的,"如果某物具有技术可用性,它在丰富我们生活的同时并不给我们增加负担。在可用的这个意义上,它呈现为即时出现的、到处存在的、安全和容易的"[2][4]。自来水是"可用的",在不出现停水等意外的情况下,我们随时可以打开水龙头,无论是在水房还是在洗手间,无论是白天还是晚上。这种状况在城市表现得尤为明显,以至于现在很多城市出生的孩子,想当然地认为水就是从水龙头里流出来的。这时供应自来水的机械就自行隐退,对这些城里的孩子来说是彻底隐退,呈现出来的只是水的可用性和及时便利性。然而,在以前水并不具有这样的有用性和便利性,人们要挖井、提取河水或引用山泉。这时,人们要到远处接水或到井里打水、挑水、用缸或别的设备贮水然后才可以使用水,那时的水源需要操劳和关注,它不仅需要个体体力的参与,而且也需要社会的参与,引流河道、导流山泉也是集体共同劳动和协作的结果。

在新疆有坎儿井的地区也发生了如此的变化,以吐鲁番地区为例,"1958年开始修建引取天山河水的渠道, 减少了地下水的补给;1970年又开始大量打机电井抽取地下水,使地下水位下降,不少坎儿井干涸。1959年,吐鲁番坎儿井条数为1 144条,1979年为720条,1983年为838条,1984年为700条"[10]。这样的结果首先源于"技术允诺为我们带来可控制的自然和文化力量,把我们从穷困和劳苦中解放出来,并使我们的生活更加富足"[2][4]。20世纪60年代末至70年代初,如潮的信息涌进这个地区,冲击着人们的神经,坎儿井与"落后"和"低效"等名,机电井以"先进""时尚""高效性"和及时"可用性"出场,再加上政府以打机电井一半的资金资助打机电井的人。这种"冲压"和"诱使"对于生活在这里原本淳朴而没有环境分析能力的人们来说,结果只有一个,那就是接受。"谁对谁做出这样的承诺是一个政治责任的问题;谁是这个承诺的受益者是一个社会公正的问题"[2][4]。这种"自由和繁荣"的承诺被指定给机电井这种"实现模式"。当人们响应时尚、反戈传统、走进这新的模式之后,在很多方面人们就失去原来坎儿井模式下的自由,如他们不能再无偿使用坎儿井水,人们必须被绑架在这个电气化设备运转的车轮之上, 不停地交电费和水费才能使用上自己需要的水。随着地下水位的降低,机电井越打越深,从原来的几十米到现在的几百米。这样,抽取同样多的水消耗的电能越来越多,那么需要缴纳的电费也就越来越高。地下水位的降低,致使土壤盐碱化程度增加,撂荒面积加大,同时空气越来越干燥,环境趋向恶化。当地的人们不得不忍受着水电费的增加、土地的荒芜和环境的恶化。这种奔向"自由和繁荣"之路越走越艰难,作为政治责任的被承诺者却在无奈地承受着政治责任带来的结果。

再者河水的引进,机电井的出现,从一定程度上是对"负担"的"卸载"。在鲍尔格曼的视域中,如对坎儿井的掏挖与维修、寻找水源、转运辘轳等这些事情都被认为是额外的"负担"。从目的论的角度来看挖井的目的就是水,因而水以外的其他因素,虽然被人们如此地经验着,"并且毫无疑问它们经常被如此经验"[2]42,有时甚至这种附加因素是一种"上手状态",但它也是水这种目的的附加因素,是目的的"负担"。而机电井这种"设备"提供给人们在任何需要用水时的水,不需要人们再为水而"负担",这些额外的"负担"被机械和电力接管了,卸除了。这种机械和电力对使用水的人要求越来越低,既不要求人们付出掏挖和转运辘轳的辛苦,也不要求人们具有选择水源时的慧眼和相应的掏挖技巧,年长者不用在炎炎烈日下驱赶着毛驴拉辘轳,妇女们也不用去送饭。这种"负担"的"卸载"所带来的身体上的轻松进一步地催化了机电井的扩张,人们在无意识中出卖了自己与自然之间那种深刻的自由关系。从另一个角度看,技术越是进步,对人的要求就会越少,以至于人们会忽视它(机械的或电力的部分)的在场。无论何时人们用水时,水就会从水龙头中流出,或水会从水泵中涌出。设备的机械部分或电力部分不再被人们注意到,因而具有一种"隐蔽或收缩的趋势"[2]42。

"设备"之"目的"具有稳定性。坎儿井之"目的",机电井之"目的"都是水这种"用品",但"设备"的存在方式可以是多样的,如机井、电井、水塔等等。随着"设备"的改进,机械部分越来越具有隐匿性,而其提供的"用品"越来越具有"可用性",越来越便利。鲍尔格曼把"用品"定义为"一设备之为何",也就是设备之为设备的"目的"。开始人们还会关心机械的形状及其工作状态,对新生事物心存好奇,会跑到近处去"看"这个代替了自己劳动的机械或设备。当好奇心消失,这种不具有强制性的"看"也成为"负担"的时候,人们就自动地把它"卸载"了。久而久之,当这种替代被固定化成为一种习惯之后,人们不再关注设备本身之为何。对于机械在使用初期尚存的"负载",亦即起初人的半参与方式或称之为"负担"的"不完全卸载",人们就会通过提高"设备"的技术程度或利用新兴技术改进它。"一般认为,技术的进步或多或少是由更好的工具逐步和直接地演变而成的"[11]。坎儿井让位于机井,机井让位于电井到现在的机电井,直到坎儿井基本上被完全"隐蔽"起来。"机械中彻底的技术变迁如何只是用品的逐渐进步的积累,以及用品的可用性如何一直增长"[2]44,作为"用品"的水越来越具有好用性、便利性。这样作为在工厂里制造出来的凝聚了工人劳动的机器逐渐隐蔽起来。机械的隐蔽性与作为目的的"用品"的显著可用性同时出现。

虽然在机电井的设备中也凝聚了人类的劳动,然而制造"设备"的劳动的付出者和"用品"被使用的对象不再具有统一性,被活生生割裂成几个不相关的部分。套用鲍尔格曼的话"成果在过去,享受在当下"[2]198,可以说成"机电井的成果在他处,享用在此地"。制作机电井机械的制造者不用去考虑机械使用者即新疆当地人的具体情况,如文化、情感、喜好等,只需要按预先设计好的图纸去加工和制作。这时机械的"成品"甚至说机械的"零件"就成为加工者的"目的"。更有甚者,在工厂里加工"零部件"或者"机械"的工人不知道这个"零部件"或"机械"的"目的"(这些都是由工程师提前设计好的),只知道自己"制造"或"劳作"的"目的"。这是手段和目的的第一重割裂。第二重割裂存在于机械的直接服务对象或中间商,他们只关注"机械之为何"这种目的性即"用品"的好用性和"便利性"。把购买机械和钻井所需要的资金作为自己的"手段"即经济成本,把获取的利润作为自己的"目的"。他们既不需要考虑上游工厂里工人在制造机械时的劳动成本和工程师设计机械时所付出的知识成本,更不需要考虑下游农民怎么使用水这种"用品",怎样分配水这种"用品"。他们只需要考虑"利润"这种"用品"的持续性和即时便利性。这样,这种生活的有机链条被他们在这里生生掐断。第三重割裂是:水的使用者不再是水源的拥有者。水源的拥有者(也就是中间商)会无偿占有原本属于水源使用者的自然资源,水的使用者在使用水的时候需要交纳一定的水费和电费。水费和电费成为当地人使用这种"用品"的前提。当他们交纳水费和电费时就获得了水的"即时可用性"权利,而不用去考虑机械的运转所消耗的电能、工厂中工人的劳动付出、钻井工人的技术成本和辛苦。水与使用者之间那种水乳交融的关系不复存在,对于使用者来讲,水变成了对象物,变成了一种商品,是一种用钱可以买的商品,同时也只有用钱才可以买来使用的商品。

这种手段和目的的三重割裂,使得坎儿井这种传统文明中的"焦点物"逐渐被机电井设备所代替,活生生的生活世界被肢解,生活的意义和生活本身的自然呈现方式被摧毁,"拢聚"(versammlung)"天、地、人、神"四元的"焦点物"消失。那种拥有选择水源的神奇技艺,涌出水时的神圣意义;在掏挖泥土的实践中身体与大地亲吻的体验;通过转运辘轳带来的对大自然的体悟;非常强烈的与自然等同的生命感受;以及天人合一、人神共处的安逸与接受神灵恩赐的心存感激等等不再成为这个地区的生活方式。取而代之的是对水的对象性需求,特别是年轻一代把原有的生活方式和愚昧、落后联系在一起从而把传统丢弃。然而,这种对象性的需求使得人与自然不再是有机的整体,"当身体与世界的深处分离,即当世界被分裂为宽敞的表面和难以进入的机械时,心灵也会变得空虚"[2]199,人变得浅薄而失去深刻性。人的"技能"不再是一种捐献(播种)、一种接受(收获),而是变成了一种"挑衅"[12]187。自然成为为"订造"而被"促逼"的对象。人成为一种"无根性"的主体,不知道自己来自何处和走向何方。这种生活世界和大自然的分离,使人变得虚无缥缈,并在利益至上的市场竞争熏陶下逐渐趋于利己和狂妄。为了追求利益最大化,开始无节制地垦荒,无限制地抽水,致使土壤盐碱化加剧、沙漠面积扩大、水源枯竭、风沙弥漫、地下水位下降。"卫星遥感监测数据表明,吐鲁番地区迅猛发展的荒漠化土地面积已占总面积的46.87%,非荒漠化面积仅占总面积的8.8%。"[13]这种手段与目的的分离使这个地区丧失了原来的生活意义，丢弃了原来作为生活意义的"焦点物"。而这种生活的意义与其说是价值本身，更应该说是价值的基础，"没有了这个基础，还有什么能够鼓舞人们向着具有更高价值的共同目标而共同奋斗？只停留在解决科学技术难题的层次上，或即便把它们推向一个新的领域，都是一个狭隘的目标。它不能释放出人类最高和最广泛的创造能量。而没有这种能量的释放，人类就陷入渺小和昙花一现的境地。从短时期看，它正把人类推向自我毁灭的边缘"[14]。

第三节
修复"意向弧"，建构"焦点实践"

文化冲突的出现，现代文化的强势是一个不可回避的现实，我们不能像传统技术哲学家那样一味地批评现代化，而是要利用现代技术的优势来保护和修复传统文化。这就需要在文化形成的两个阶段都有解决办法，即在文化的生成过程中，通过保证"意向弧"的畅通来保护文化生成过程的完整性；在技术完成后进驻文化的过程中，构建坎儿井"焦点实践"，使人们在现代文化背景下再遇"焦点物"，回归生活的深刻性和完整性，让"焦点物"在人类的生活实践中重新兴盛起来，为当代技术统辖领地和冰冷的机械表面吹去一股柔和的春风，送上一份清新的绿意。

一、保护"意向弧"的畅通性

要想保持人与自然之间在新的格式塔结构中反馈回路的完整性，就要使身体、意向对象、自然界之间的"意向弧"在"解释学透明性"的三个环节保持畅通。

首先参与到机电井运转这个意向结构"因缘"网络中的身体，不仅在意向活动中于自身的周围投射世界、建构世界(文化)，并且具有在对这个世界的把握上接受世界的反馈的能力。因此，参与到这个意向结构中的身体应是一个拥有对机电井设备中各种机电原理掌握和熟练运用的能力，并且具有使各种开启设备具身的技能。这就要求操作机电井的人应是接受过专业训练的，参与到这个意向结构中的设备是功能完善和运行正常的，这样才能保证身体和世界之间"意向弧"的完整性和反馈回路的畅通性，也使最高限度的具身成为可能，从而也可以达到"透明性1"的最大化。

第二个环节是技术和世界之间的"神秘地带"。致使身体无法在具身模式中通过处在中介位置的机电井去感知世界的状况，也不能即时地感知技术与意向对象之间的衔接关系是否良好，更无法判断问题是出在技术本身还是出在机电井与意向对象之间的"意向弧"上。这里就进入了第二种关系，即人与技术之间的解释学关系。然而解释学关系也会在机电井本身损坏的情况下失效。这是技术对于人的深度不透明性造成的。出现这种状况一般是处在相对坎儿井这种传统技术而言的机电井设备等的高技术阶段,这时机电井在更大程度上扩展了人对自然的控制能力,身体也进入了新的格式塔结构中,这些都是以牺牲"透明性"为代价的。从探照灯技术与卫星定位技术代替油灯照明和定位,虽提高了准确性、简化了劳作,却失去了"具身性"。坎匠们无法从这些技术中得知前方是否有危险降临,井中是否有瘴气会危及下去作业的坎匠的生命等。现在坎儿井由机电井代替,身体与技术失去了原有的具身性和亲密性,身体与自然之间不再有透明性关系。要保持这一环节的完整性,就需要对机电井设备进行定期检查和维修,且有专人负责,以保证机电井本身运转良好,使意向弧能够保持畅通。

第三个环节是机电井与世界的联结,机电井上的仪表文本能够很好地表达世界。这种良好的表达有两层含义,第一层含义是机电井与世界之间的联结要良好,每个仪表能够充分表达它所指向的"文本"同构物;第二层含义也是最为重要的,却常常被忽略,就是维度要充分多,多到使身体在这个新的格式塔结构中,仅凭所能呈现的"文本"同构体或"知觉"同构体就能了解世界的状态。当身体与事物面对面的时候,当我们去看一个杯子的时候,我们不只是用眼睛去看,更需要用我们对事物统一感觉经验的方式去看,用我们的整个身体去"看"。因此,当我们拿一个放大镜再去看这个杯子的时候,放大镜给我们的感觉是单维度的视觉,杯子比原来大了,但身体明显有不真实感,这就是放大镜不能很好地转换整个身体的格式塔结构的缘故。因此在追求"透明性1"和"透明性2"的最大化时,就要考虑"多模式识别问题,这种识别模式是作为一种知觉格式塔结构发生的"[4]87。因此,为了增加身体通过机电井观察世界的"透明性",就要增加仪表的个数,使仪表所能表达的指标尽量详细,不仅要考虑当下的出水量和出水速度,还要对当天、当月、当季的抽水问题有一定的表达;不仅要考虑和机电井有关的水量的表达,还要考虑作为机电井基础的地下水位的变化;不仅要考虑对当下农作物的灌溉程度,还要考虑这种灌溉的可持续性,对环境的影响程度,对土地、土壤结构的改变程度。在此基础上,把这些足够多的仪表指标协调起来,这样简单地看一下其中的一块仪表就知道,引擎是否同步,世界与机电设备是否联结,现在的抽水速度和抽水量对土壤和环境的影响,等等。这样"意向弧"才能完整而反馈充分,人们时刻知道机电井设备运行的程度、对周边世界的投射度以及周围世界的良好反馈。

这样既保持了身体与世界之间的透明性,又保证了"意向弧"的完整性。不仅通过使用新的技术设备增加了人的能力,而且也继承了传统技术中的优良传统。

二、建构"焦点实践"

作为"焦点物"的坎儿井被机电井这些等价"设备"取代以后,机电井就变成了实现目的的手段。这种手段与目的的分离使机电设备成为可有可无的"持存物"。当一个机电井设备被损坏以后,可以在工厂里再造一台出来。它成为被现代技术"促逼",

按照技术预先为了可用性而设置的"座架"的方式去"订造"而随时到场的东西。它不再是独立的,"因为它唯从对可订造之物的订造而来才有其立身之所"[12]15。按照鲍尔格曼的观点,这些机电井已经完全被功能化,除了功能之外没别的任何意义。这种手段与目的相分离、"负担"的卸载,"隐匿了社会性、文化性和每个人的个性"[15],那种通过掏挖坎儿井所建立起来的有机的地方性文化也随之消失了。

海德格尔在《技术的追问》一书中最后写道:"哪里有危险,哪里也生救渡。我们愈是临近危险,进入救渡的道路便愈明亮地开始闪烁。"[12]37那么去哪里寻求这种救渡的道路呢?鲍尔格曼提出了他自己的解决办法——构筑"焦点实践"。什么是"焦点实践"呢?鲍尔格曼指出:"这样一种实践要求在其模式化的普遍性上反对技术,要求在深刻性和完整性上保卫'焦点物'。通过实践来反对技术,就是要考虑我们对技术娱乐性的敏感性,就是发挥人类特有的理解力。实际上'焦点实践'在坚定的信念下产生,它要么是一个外在的决定,人们发誓从今天起定期参加一个焦点行动;要么是更为内在的决心,它由'焦点物'的良好环境培养而成,并成为一个固定的习惯。"[15]

那么在濒临消失的坎儿井及其文化那里如何实现这种"救渡"呢?一个较为理想的办法就是保护现有的坎儿井,再次把它构筑成"焦点物",规定一个固定的时间比如每月的1号或每周的周末让当地人参加这种"焦点实践"。这种构筑首先是一种接续,是一种对优良传统的继承,是一种再遇"焦点物"的"怀旧情怀",是一种对那种与大自然有机关系的保护,更是一种创造,这种鲜活生活的再度聚焦是有别于传统的聚焦的。这是一个被现代技术完全渗透了的时代,那么参加"焦点实践"的人不可能像先民那样心怀虔诚地参加祈祷仪式,在他的内心中有一种激烈的文化碰撞,当这种碰撞经过一段时间的规训而成为习惯后,内心就会平静下来,会走向过去体察先民,反观现在,澄清优劣,从过去的智慧中寻找救治现在的灵光,在过去与现在的反复观照中挖掘流失的宝藏,在对先民与自身深刻理解的基础上建造自己的标尺。因而在实践之前要有关于坎儿井历史的教育,让现代人和孩子了解坎儿井的历史,了解先民与自然相处的智慧,体会坎儿井在自己家乡的意义,学会用自己的标准而不是现代化的标准来评判自己的传统,树立自己家乡拥有坎儿井的自豪感。进而让他们从内心深处涌现想了解先民智慧的愿望,产生用先民与自然交往的方式去亲近自然的迫切心情,从而想在体验读懂自然、感受自然的基础上与先民对话,与传统对接,打通过去与现在。然后才让他们参与到先民建造坎儿井的整个过程中,从开工前对井神和水神的祭拜到水从泉眼中涌出时的喜悦庆典,从坎儿井水源选择到坎儿井路线定位的设计直到掏挖的整个过程。让他们从对井神和水神的祭祀中感受那种令人震撼的导向性力量、赋予坎儿井的意义、人神之间的关联秩序。正如海德格尔所说:"神殿不仅为它的世界提供了意义的中心,而且在开创或构建世界的极端意义上,在揭示世界的基本维度和标准的极端意义上,具有一种导向力量。"[16]井王庙和水王庙所在区域聚集了人、天空和大地,坎儿井井神和水神。从身体与泥土接触中获取对大自然的感悟,体味与大地的亲密关系;从水从泉眼涌出感受神的"馈赠"和对"馈赠"的感激;从一锹锹的挖土中体味先民的辛劳。在参与这种再构建的焦点实践中体味"付出与享受合一;手段与目的、劳动与休闲的分裂得到弥合"[17],实现"天、地、人、神这四个维度的汇合和相互间的意蕴关联"[12]172。这时,坎儿井已经从技术设备中挣脱出来再次成为"焦点物",实现了由设备到焦点物的转变,坎儿井被"带回家园",成为关联意蕴整体。进而建构出一种秩序,建立起一套规范,形成当地人的一种行为习惯。

鲍尔格曼指出:"模式化的普遍性上反对技术,要求在深刻性和完整性上保卫'焦点物'。"[2]210当然不是在这种焦点实践中抛弃现代技术,我们不能如海德格尔所说回到前技术时代与"焦点物"相遇,然而我们可以利用现代技术帮助我们完成"焦点实践",保障"焦点实践"中"焦点物"的完整性,解决"焦点实践"过程中的一些现实问题。比如我们可以乘坐现代化的小轿车或大巴车到"焦点实践"的"焦点物"所规定的空间边缘。因为那些地方一般都处在戈壁或沙漠深处,距离人们的生活区相对遥远,如果只是用传统的方式步行或赶着毛驴车会浪费很长的时间。如果用现代技术就可以节约很多时间,保证"焦点实践"得以完成其所预定的目标。我们只需要保证"焦点物"的完整性(不使用现代技术)就可为达到我们所构筑的"焦点实践"的深刻性提供更多的可能。

让更多的人参与"焦点实践","'焦点物'只有在人类的实践中才能兴盛起来"[2]199,让人们再次转运从辘轳中感受太阳的光辉,让身体在井下刨土中获得心灵感受和忍耐力,用身体感受大地,用心灵与自然交流,在口饮坎水时体验"成果和享受的能力和实现的统一"[2]202。在井内井外"冰火两重天"中感受自然的善意,神灵的神奇。因此,目的与手段的统一和身体与心灵的统一在这种"焦点实践"中得以实现。这种在现代技术与环境下由内到外地与自然"遭遇",使诸神现身。让劳碌、身心疲惫的人们来到现场,脱去被工业化尘埃污染的外衣,走到这"天、地、人、神"四方凝聚之所,与"焦点物"相遇。为我们的内心清理出一处空间,从现代技术为我们提供的浅薄的娱乐中挣脱出来,远离被撕裂为色彩斑斓的娱乐碎片的世界,逃离技术框架的腐蚀圈,参与到坎儿井为人们建构的这种焦点实践中来,恢复我们生活的深刻性和完整性,"让我们回归世界的深处,回归我们作为存在之完整性"[2]200,使心灵得到净化,灵魂得到洗涤,精神得到升华。

参考文献

[1] MERLEAU-PONTY M. Phenomenology of Perception [M]. London: Routlege, 1962:136.

[2] BORGMANN A. Technology and the Character of Contemporary Life: A Philosophical Inquiry[M]. Chicago: University of Chicago Press,1984.

[3] 恩格斯.自然辩证法[M].北京:人民出版社,1955:145.

[4] IHDE D. Technology and the Lifeworld: From Garden to Earth [M]. Bloomington and Indianapolis: Indiana University Press, 1900.

[5] HEIDEGGER M. Being and Time. Trans. Joan Stambaugh [M]. New York: State University of New York Press, 1996: 65.

[6] MERLEAU-PONTY M. Phenomenology of Perception. Smith, Colin Trans [M]. London and New York: Routledge, 2002.

[7] DREYFUS H. The Current Relevance of Merleau-Ponty's Phenomenology of Embodiment[J]. The Electronic Journal of Analytic Philosophy, 1996:4.

[8] DREYFUS H, DREYFUS S. The Challenge of Merleau Ponty's Phenomenology of Embodiment for Cognitive Science [M]//Weiss G, Haber H F. Perspective on Embodiment: The Intersections of Nature and Culture. New York: Routledge, 1999: 103-120.

[9] IHDE D. Technics and Praxis: A Philosophy of Technology[M]. Dorderecht: Reidel Publishing Company, 1979.

[10] 翟源静,刘兵.新疆坎儿井中的文化冲突及消解[J].工程研究—跨学科视野中的研究,2010,2(1):55-61.

[11] MESTHENE E G. Technological Change: Its Impact on Man and Society [M]. New York: New American Library, 1970:28.

[12] 马丁·海德格尔.演讲与论文集[M].孙周兴,译.北京:生活·读书·新知三联出版社,2005.

[13] 李新颜,白剑锋."坎儿井"能否清泉长流[N].人民日报,2000-08-15(5).

[14] 温克勒·E.环境伦理学观点综述[J].陈一梅,译.国外社会科学,1992(6):55-57.

[15] 邱慧. 焦点物与实践——鲍尔格曼对海德格尔的继承与发展 [J]. 哲学动态,2009(4):63-66.

[16] HEIDEGGER M. Poetry, Language, Thought. Trans. Albert Hofstadter [M]. New York: Harper & Row, 1971: 15-87.

[17] 吴国盛.技术哲学经典读本[M].上海:上海交通大学出版社,2008:420.

致

谢

　　本书是在我博士论文的基础上经修订完善而写成的。衷心感谢导师刘兵教授在我攻读博士学位期间，为我制定了合理的培养方案，给予了学术上的指导、思想上的启迪和精神上的鼓励，特别是在论文的选题、写作、修改及资料收集中倾注了大量的心血。导师治学严谨、诲人不倦，亲自飞往新疆沙漠地区，实地指导我做田野调查，使我顺利完成资料的收集和整理工作。导师渊博的知识和敏锐的学术洞察力使我终身受益。

　　衷心感谢吴彤教授在我上学期间给我的关怀与指导，四年来我几乎聆听了吴老师的每节课，这扩展了我的知识视野，令我受益匪浅。吴老师知识渊博，宽容大度，德高望重，他的"先做人，后做事"原则成为我今后为人治学的座右铭。

　　衷心感谢曾国屏教授、曹南燕教授、李正风教授、杨舰教授、肖广岭教授、王巍教授在我论文写作中给予的指导和帮助，感谢蒋劲松老师、鲍鸥老师、高亮华老师在我上学期间给予的关心和支持，感谢在科技所学习期间其他老师的竭力帮助。

　　衷心地感谢我的硕士研究生导师李新娥老师和我校校领导丁守庆校长。他们为人真诚、心地善良，学术上成绩斐然。他们心系新疆区域发展，也不忘提携后学。在我考上清华大学、家庭经济陷入困境之时，他们帮助我解决了在京学习期间的一切费用，使我得以顺利完成学业。

　　衷心感谢吐鲁番邮政局局长向阳忠、吐鲁番史志办书记马庭宝。向局长为人豁达大气，为我调研不遗余力，无论是他在吐鲁番期间还是已经调离的情况下，他都用他的人脉为我安排吃住和出行车辆。每次去吐鲁番，尽管马书记都不在，但他热情细致地安排他的朋友陪我到各个部门找资料。他们的无私帮助，使我在吐鲁番的调研得以顺利完成。

衷心感谢吐鲁番史志办退休学者储怀贞老师,他虽然年事已高,但热爱新疆坎儿井事业。老人家不仅帮我联系访谈对象,而且陪我爬山坡、穿戈壁,不辞劳苦,协助我收集了大量的第一手资料,使我获得了许多即将流失的珍贵信息。

衷心感谢中国科学院自然科学史研究所张柏春教授。张老师思想深刻、学识渊博,虽日夜笔耕不辍,但仍抽出时间帮我审阅该书稿,多次帮我完善该书的内容和结构,并指导我补充调研,引导我从史学和人类学的视角深度挖掘,并送我到苏黎世大学进行人类文化学研究的专业培训。

衷心地感谢中国科学院自然科学史研究所关晓武研究员。他热衷钻研,醉心于技术考古,且为人热情豁达,乐于帮助他人。他虽然工作繁忙,但仍抽出时间多次帮我审稿,并提出修改建议。在最后定稿时,他更是花费了大量的时间和精力帮我逐字修改,对标点符号逐一订正,令我受益匪浅。

衷心感谢我的同学苏丽、董丽丽、张春风、宗棕、高璐,他们对我的论文写作提出了不少建议。苏丽博览群书,每当发现和我的论文有关的理论就会告诉我,并提供相关资料以及向我讲述她的思路,弥补了我读书不足的缺陷;董丽丽常常在学业上给予我坦诚的帮助,张春风对后现象学的挖掘为我提供了可供借鉴的理论依据,宗棕为我论文后期的校正和整理提供了大量的帮助,高璐自始至终都对我的论文写作给予了极大的关注,提出了很多建议。

衷心感谢我所在单位新疆维吾尔自治区党校的领导和同事多年来对我的关怀和帮助。

我要感谢我的爱人苗壮和儿子苗博洋,他们为支持我完成学业和写作此书做出了巨大牺牲。

作者

2017年6月